江苏省海绵城市建设适生植物应用指南

江苏省住房和城乡建设厅
苏州园林设计院有限公司　编著

东南大学出版社
SOUTH EAST UNIVERSITY PRESS
·南京·

图书在版编目(CIP)数据

江苏省海绵城市建设适生植物应用指南 / 江苏省住房和城乡建设厅,苏州园林设计院有限公司编著. — 南京 : 东南大学出版社,2018.10
ISBN 978 - 7 - 5641 - 7965 - 6

Ⅰ.①江… Ⅱ.①江… ②苏… Ⅲ.①园林植物-江苏-指南 Ⅳ.①S68 - 62

中国版本图书馆 CIP 数据核字(2018)第 203737 号

江苏省海绵城市建设适生植物应用指南

编 著	江苏省住房和城乡建设厅 苏州园林设计院有限公司		责任编辑	刘 坚	
电 话	(025)83793329 QQ:635353748		电子邮箱	liu-jian@seu.edu.cn	
出版发行	东南大学出版社		出 版 人	江建中	
地 址	南京市四牌楼 2 号		邮 编	210096	
销售电话	(025)83794561/83794174/83795801/83792174 83795802/57711295(传真)				
网 址	http:// www.seupress.com		电子邮箱	press@seupress.com	
经 销	全国各地新华书店		印 刷	南京新世纪联盟印务有限公司	
开 本	880×1 230 1/32		印 张	4.5	
字 数	130 千字				
版印次	2018 年 10 月第 1 版第 1 次印刷				
书 号	ISBN 978 - 7 - 5641 - 7965 - 6				
定 价	40.00 元				

编 委 会

Preface 前言

　　海绵城市是指通过加强城市规划建设管理，充分发挥建筑、道路和绿地、水系等生态系统对雨水的吸纳、蓄渗和缓释作用，有效控制雨水径流，实现自然积存、自然渗透、自然净化的城市发展方式。

　　为了贯彻住房和城乡建设部和省政府关于推进海绵城市建设的工作部署，指导集雨型绿地建设，优化集雨型绿地中适生植物的合理应用，江苏省住房和城乡建设厅依据国家、省相关行业标准，在总结各地工作经验的基础上，组织编制了本指南。

　　本指南概述了海绵城市建设中适生植物应用的指导思想、适用范围、基本原则，提出了江苏省不同地域集雨型绿地适生植物名录，推荐了不同类型的集雨型绿地中适生植物的种类和配置模式。本指南的编排采用图文并茂的方式，力求直观简洁、通俗易懂，为各地海绵城市建设中适生植物的应用提供指导。

　　本指南在编写过程中得到了各地城市园林绿化主管部门和有关专家的大力支持，各部门及专家亦提供了宝贵的意见和建议，在此一并感谢。

Contents 目录

一、总 则

1.编制目的

为了贯彻国家、省关于海绵城市建设要求，科学合理地应用适生植物，充分发挥集雨型绿地的生态、观赏、游憩、科普等功能，编制本指南。

2.指导思想

贯彻海绵城市"自然存积、自然渗透、自然净化"的理念，体现特定区域的绿地自然特征、生态效应与文化特色。

3.适用范围

适用于江苏省各类新建、改建集雨型绿地的绿化工程及绿色屋顶建造维护。

集雨型绿地的主要类型有植草汇水明沟、集雨缓坡、雨水花园（花境、花溪）、雨水滞留区、雨水（小微）湿地。

4.基本原则

（1）乡土性

优先选用乡土植物，适当选配外来适生植物。

乡土植物对当地气候和土壤条件有很好的适应能力，既可以在集雨型绿地中发挥很好的作用，又具有极强的地方特色。

（2）适生性

选用既耐水淹又有一定耐干旱能力的植物。

集雨型绿地中的水量与降雨息息相关，存在丰水期与枯水期交替出现的现象。因此，选择的植物应具有适应这种环境的能力。

（3）功能性

选用在调蓄径流、净化水质等各方面作用显著的植物，充分发挥绿地的生态功能。

采用自然式种植方式，充分考虑植物的色彩、形态和季相，充分发挥绿地的观赏、游憩、科普功能。

二、术 语

1. 集雨型绿地

在满足绿地生态、景观功能的前提下，兼具一定的传输、渗透、滞留、调蓄、净化雨水功能的园林绿地。

2. 植草汇水明沟

表面覆盖地被植物，用来收集、传输和净化雨水的明渠。

3. 集雨缓坡

通过植物拦截和土壤下渗作用，减少地表径流并能除去径流中部分污染物的缓坡绿带。

4. 雨水花园（花境、花溪）

在随地形变化而顺势形成的雨水汇蓄带中，能形成良好植物景观效果的小型雨水滞留入渗区域。

5. 雨水滞留区

通过近自然的手法构建形成的与主水面相连的，起到吸纳、调蓄、净化作用的雨水滞留区域。

6. 雨水（小微）湿地

利用湿生、水生植物的作用，起到滞留、调蓄、净化雨水等功能的成片小型浅水区域。

7. 绿色屋顶

由表层植物、覆土层和输水设施构建的，起到传输、缓滞、净化雨水作用的绿化屋面。

三、植物应用

1. 适生区域划分

根据全省城市园林绿化植物应用和引种状况，以气候带为主要依据，参考省内不同地区的气候条件、地貌和土壤特点、植物区系地理分布与划分，以及江苏省自然地理区划、综合自然区划和森林地理分区，对城市园林绿化植物适生区域进行了划分。全省从北至南分为Ⅰ、Ⅱ、Ⅲ三个植物适生区，每个适生区内根据受海洋影响的程度以及气候特点、地理特征，进一步分亚区（A、B）。

Ⅰ区：位于江苏的北部，为淮河—洪泽湖—苏北灌溉总渠以北区域，分为两个亚区。

【ⅠA区】区内共有12个市县，包括：徐州、新沂、邳州、丰县、沛县、睢宁、淮安、涟水、宿迁、沭阳、泗阳和泗洪。

【ⅠB区】区内共有6个市县，包括：连云港、东海、灌云、灌南、响水和滨海。

Ⅱ区：位于江苏的中部，为淮河—洪泽湖—苏北灌溉总渠以南、滁河—长江北岸（含沿江平原）以北区域。

区内共有14个市县，包括：盐城、东台、阜宁、射阳、建湖、泰州、兴化、如皋、海安、如东、盱眙、金湖、高邮和宝应。

Ⅲ区：位于江苏的南部，为滁河—长江北岸（含沿江平原）以南区域，分为两个亚区。

【ⅢA区】区内共有15个市县，包括：南京、常州、南通、启东、海门、扬州、仪征、镇江、丹阳、扬中、句容、江阴、张家港、靖江和泰兴。

【ⅢB区】区内共有7个市县，包括：无锡、宜兴、苏州、常熟、昆山、太仓和溧阳。

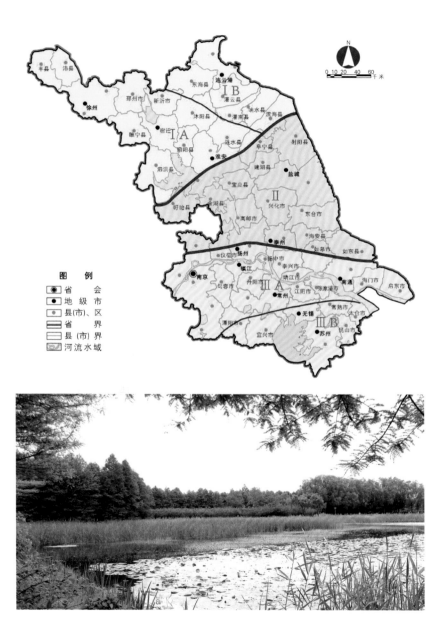

2. 推荐植物一览表

乔木（42种）

序号	中文名	拉丁学名	生态习性		
			耐淹性	耐旱性	耐盐碱性
1	旱柳	*Salix matsudana*	★★★	★★★	★★★
2	乌桕	*Triadica sebifera*	★★★	★★★	★★★
3	柽柳	*Tamarix chinensis*	★★★	★★★	★★★
4	落羽杉	*Taxodium distichum*	★★★	★★★	★★
5	腺柳	*Salix chaenomeloides*	★★★	★★★	★★
6	垂柳	*Salix babylonica*	★★★	★★★	★
7	榔榆	*Ulmus parvifolia*	★★★	★★★	★
8	柘树	*Cudrania tricuspidata*	★★★	★★★	★
9	墨西哥落羽杉	*Taxodium mucronatum*	★★★	★★	★★★
10	池杉	*Taxodium distichum var. imbricatum*	★★★	★★	★★★
11	中山杉	*Taxodium hybird 'Zhongshanshan'*	★★★	★★	★★★
12	桑	*Morus alba*	★★★	★★	★★★
13	杜梨	*Pyrus betulifolia*	★★★	★★	★★★
14	豆梨	*Pyrus calleryana*	★★★	★★	★★
15	枫杨	*Pterocarya stenoptera*	★★★	★★	★
16	楝	*Melia azedarach*	★★	★★★	★★★
17	黄连木	*Pistacia chinensis*	★★	★★★	★
18	飞蛾槭	*Acer oblongum*	★★	★★★	★
19	粗糠树	*Ehretia dicksonii*	★★	★★★	★
20	重阳木	*Bischofia polycarpa*	★★	★★	★★★
21	白蜡树	*Fraxinus chinensis*	★★	★★	★★★
22	湿地松	*Pinus elliottii*	★★	★★	★★
23	喜树	*Camptotheca acuminata*	★★	★★	★★
24	榉树	*Zelkova serrata*	★★	★★	★★
25	朴树	*Celtis sinensis*	★★	★★	★
26	江南桤木	*Alnus trabeculosa*	★★	★★	★
27	麻栎	*Quercus acutissima*	★★	★★	★
28	娜塔栎	*Quercus nuttallii*	★★	★★	★
29	柳叶栎	*Quercus phellos*	★★	★★	★
30	二球悬铃木	*Platanus acerifolia*	★★	★★	★
31	红叶李	*Prunus cerasifera f. atropurpurea*	★★	★★	★
32	无患子	*Sapindus saponaria*	★★	★★	★
33	水杉	*Metasequoia glyptostroboides*	★★	★	★★
34	槐	*Sophora japonica*	★	★★★	★★★
35	臭椿	*Ailanthus altissima*	★	★★★	★★★

集雨型绿地应用类型				观赏特点				适生区域
植草汇水明沟	集雨缓坡雨水花园（花境、花溪）	雨水滞留区雨水湿地	绿色屋顶	观花	观叶	观果	观形	
	√	√			√		√	Ⅰ区、Ⅱ区、Ⅲ区
	√	√			√	√	√	Ⅰ区、Ⅱ区、Ⅲ区
	√	√			√		√	Ⅰ区、Ⅱ区、Ⅲ区
	√	√			√		√	Ⅰ区、Ⅱ区、Ⅲ区
	√	√			√		√	Ⅰ区、Ⅱ区、Ⅲ区
	√	√			√		√	Ⅰ区、Ⅱ区、Ⅲ区
	√	√			√		√	Ⅰ区、Ⅱ区、Ⅲ区
	√	√			√		√	Ⅰ区、Ⅱ区、Ⅲ区
	√	√			√		√	Ⅰ区、Ⅱ区、Ⅲ区
	√	√			√		√	Ⅰ区、Ⅱ区、Ⅲ区
	√	√			√		√	Ⅰ区、Ⅱ区、Ⅲ区
	√	√			√		√	Ⅰ区、Ⅱ区、Ⅲ区
	√			√				Ⅰ区、Ⅱ区
	√			√				Ⅰ区、Ⅱ区、Ⅲ区
	√	√			√		√	Ⅰ区、Ⅱ区、Ⅲ区
	√					√	√	Ⅰ区、Ⅱ区、Ⅲ区
	√				√		√	Ⅰ区、Ⅱ区、Ⅲ区
	√						√	ⅠA区、Ⅱ区、Ⅲ区
	√	√			√		√	Ⅰ区、Ⅱ区、Ⅲ区
	√				√		√	Ⅰ区、Ⅱ区、Ⅲ区
	√				√		√	Ⅰ区、Ⅱ区、Ⅲ区
	√						√	Ⅱ区、Ⅲ区
	√				√		√	Ⅰ区、Ⅱ区、Ⅲ区
	√				√		√	Ⅰ区、Ⅱ区、Ⅲ区
	√	√			√		√	Ⅰ区、Ⅱ区、Ⅲ区
	√						√	Ⅱ区、Ⅲ区
	√				√		√	Ⅰ区、Ⅱ区、Ⅲ区
	√			√	√		√	Ⅰ区、Ⅱ区、Ⅲ区
	√				√		√	Ⅰ区、Ⅱ区、Ⅲ区
	√				√		√	Ⅰ区、Ⅱ区、Ⅲ区
	√	√			√		√	Ⅰ区、Ⅱ区、Ⅲ区
	√				√		√	Ⅰ区、Ⅱ区、Ⅲ区

序号	中文名	拉丁学名	生态习性		
			耐淹性	耐旱性	耐盐碱性
36	石楠	*Photinia serratifolia*	★	★★★	★
37	香椿	*Toona sinensis*	★	★★	★★
38	蚊母树	*Distylium racemosum*	★	★★	★
39	三角枫	*Acer buergerianum*	★	★★	★
40	红花槭	*Acer rubrum*	★	★★	★
41	樟	*Cinnamomum camphora*	★	★	★
42	厚壳树	*Ehretia acuminata*	★	★	★

灌木（26种）

序号	中文名	拉丁学名	生态习性		
			耐淹性	耐旱性	耐盐碱性
1	彩叶杞柳	*Salix integra* 'Hakuro Nishiki'	★★★	★★★	★★★
2	紫穗槐	*Amorpha fruticosa*	★★★	★★★	★★★
3	海滨木槿	*Hibiscus hamabo*	★★★	★★★	★★★
4	雪柳	*Fontanesia philliraeoides* subsp. *fortunei*	★★★	★★★	★★
5	牡荆	*Vitex negundo* var. *cannabifolia*	★★	★★★	★★
6	夹竹桃	*Nerium indicum*	★★	★★★	★
7	栀子	*Gardenia jasminoides*	★★	★★★	★
8	迎春花	*Jasminum nudiflorum*	★★	★★	★★
9	接骨木	*Sambucus williamsii*	★★	★★	★★
10	山麻杆	*Alchornea davidii*	★★	★★	★
11	水蜡树	*Ligustrum obtusifolium*	★★	★★	★
12	细叶水团花	*Adina rubella*	★★	★★	△
13	金边六月雪	*Serissa foetida* var. *marginata*	★★	★	△
14	红花檵木	*Loropetalum chinense* var. *rubrum*	★	★★★	★
15	火棘	*Pyracantha fortuneana*	★	★★★	★
16	红叶石楠	*Photinia×fraseri*	★	★★★	★
17	醉鱼草	*Buddleja lindleyana*	★	★★★	★
18	黄杨	*Buxus sinica*	★	★★	★★
19	伞房决明	*Senna corymbosa*	★	★★	★
20	枸骨	*Ilex cornuta*	★	★★	★
21	胡颓子	*Elaeagnus pungens*	★	★★	★
22	洒金桃叶珊瑚	*Aucuba japonica* 'Variegata'	★	★★	★

集雨型绿地应用类型				观赏特点				适生区域
植草汇水明沟	集雨缓坡雨水花园（花境、花溪）	雨水滞留区雨水湿地	绿色屋顶	观花	观叶	观果	观形	
	√				√		√	Ⅰ区、Ⅱ区、Ⅲ区
	√				√		√	Ⅰ区、Ⅱ区
	√	√			√		√	Ⅰ区、Ⅱ区、Ⅲ区
	√	√			√		√	Ⅰ区、Ⅱ区、Ⅲ区
	√				√		√	Ⅰ区、Ⅱ区、Ⅲ区
	√				√		√	Ⅱ区、Ⅲ区
	√	√			√		√	Ⅱ区、Ⅲ区
	√				√		√	Ⅰ区、Ⅱ区、Ⅲ区

集雨型绿地应用类型				观赏特点				适生区域
植草汇水明沟	集雨缓坡雨水花园（花境、花溪）	雨水滞留区雨水湿地	绿色屋顶	观花	观叶	观果	观形	
	√	√			√		√	Ⅰ区、Ⅱ区、Ⅲ区
	√	√			√		√	Ⅰ区、Ⅱ区、Ⅲ区
	√	√		√				Ⅰ区、Ⅱ区、Ⅲ区
	√	√			√		√	Ⅰ区、Ⅱ区、Ⅲ区
	√			√				Ⅰ区、Ⅱ区、Ⅲ区
	√	√		√				Ⅰ区、Ⅱ区、Ⅲ区
	√	√		√				Ⅰ区、Ⅱ区、Ⅲ区
	√		√	√				Ⅰ区、Ⅱ区、Ⅲ区
	√	√		√	√	√		Ⅰ区、Ⅱ区、Ⅲ区
	√	√			√		√	Ⅰ区、Ⅱ区、Ⅲ区
	√				√		√	Ⅰ区、Ⅱ区、Ⅲ区
	√		√	√			√	Ⅲ区
	√	√		√	√		√	Ⅰ区、Ⅱ区、Ⅲ区
	√			√	√			Ⅱ区、Ⅲ区
	√			√	√	√		Ⅲ区
	√	√			√			Ⅰ区、Ⅱ区、Ⅲ区
	√	√		√				Ⅰ区、Ⅱ区、Ⅲ区
	√		√		√			Ⅰ区、Ⅱ区、Ⅲ区
	√			√	√			Ⅰ区、Ⅱ区、Ⅲ区
	√				√	√	√	Ⅱ区、Ⅲ区
	√		√		√			Ⅰ区、Ⅱ区、Ⅲ区
	√				√			Ⅰ区、Ⅱ区、Ⅲ区

序号	中文名	拉丁学名	生态习性		
			耐淹性	耐旱性	耐盐碱性
23	小叶女贞	*Ligustrum quihoui*	★	★★	★
24	金叶大花六道木	*Abelia grandiflora* 'Francis Mason'	★	★★	★
25	郁香忍冬	*Lonicera fragrantissima*	★	★★	★
26	珊瑚树	*Viburnum odoratissimum*	★	★	★

藤本植物（8种）

序号	中文名	拉丁学名	生态习性		
			耐淹性	耐旱性	耐盐碱性
1	中华常春藤	*Hedera nepalensis* var. *sinensis*	★★	★	★★
2	络石	*Trachelospermum jasminoides*	★★	★	★★
3	五叶地锦	*Parthenocissus quinquefolia*	★★	★	★
4	扶芳藤	*Euonymus fortunei*	★	★★	★★
5	薜荔	*Ficus pumila*	★	★★	★★
6	爬行卫矛	*Euanymus fortunei* var. *radicans*	★	★★	★★
7	藤本蔷薇	*Rosa multiflora*	★	★★	★
8	木香花	*Rosa banksiae*	★	★★	★

草本植物（55种）

序号	中文名	拉丁学名	生态习性		
			耐淹性	耐旱性	耐盐碱性
1	红蓼	*Polygonum orientale*	★★★	★★★	★
2	马蔺	*Iris lactea*	★★★	★★	★★★
3	香根草	*Chrysopogon zizanioides*	★★★	★★	★★
4	美人蕉	*Canna indica*	★★★	★★	★
5	石菖蒲	*Acorus tatarinowii*	★★★	★★	★
6	鸢尾	*Iris tectorum*	★★★	★★	★
7	金脉大花美人蕉	*Canna generalis* 'Striatus'	★★★	★	★
8	三白草	*Saururus chinensis*	★★★	★	★
9	鸭儿芹	*Cryptotaenia japonica*	★★★	★	★
10	金线蒲	*Acorus gramineus*	★★★	★	★
11	狗牙根	*Cynodon dactylon*	★★	★★★	★★
12	荻	*Miscanthus sacchariflorus*	★★	★★★	★★

集雨型绿地应用类型				观赏特点				适生区域
植草汇水明沟	集雨缓坡雨水花园（花境、花溪）	雨水滞留区雨水湿地	绿色屋顶	观花	观叶	观果	观形	
	√				√			Ⅰ区、Ⅱ区、Ⅲ区
	√	√		√	√			Ⅰ区、Ⅱ区、Ⅲ区
	√			√				Ⅰ区、Ⅱ区、Ⅲ区
	√							Ⅱ区、Ⅲ区

集雨型绿地应用类型				观赏特点				适生区域
植草汇水明沟	集雨缓坡雨水花园（花境、花溪）	雨水滞留区雨水湿地	绿色屋顶	观花	观叶	观果	观形	
	√	√			√			Ⅰ区、Ⅱ区、Ⅲ区
	√	√			√			Ⅰ区、Ⅱ区、Ⅲ区
	√	√			√			Ⅰ区、Ⅱ区、Ⅲ区
	√	√			√			Ⅰ区、Ⅱ区、Ⅲ区
	√	√				√		Ⅰ区、Ⅱ区、Ⅲ区
	√	√			√			Ⅰ区、Ⅱ区、Ⅲ区
	√	√		√	√			Ⅰ区、Ⅱ区、Ⅲ区
	√	√		√	√			Ⅰ区、Ⅱ区、Ⅲ区

集雨型绿地应用类型				观赏特点				适生区域
植草汇水明沟	集雨缓坡雨水花园（花境、花溪）	雨水滞留区雨水湿地	绿色屋顶	观花	观叶	观果	观形	
	√	√		√				Ⅰ区、Ⅱ区、Ⅲ区
√	√	√		√	√			Ⅰ区、Ⅱ区、Ⅲ区
√	√	√			√			Ⅱ区、Ⅲ区
	√	√		√	√			Ⅰ区、Ⅱ区、Ⅲ区
√	√	√			√			Ⅰ区、Ⅱ区、Ⅲ区
√	√	√		√	√			Ⅰ区、Ⅱ区、Ⅲ区
	√	√		√	√			Ⅰ区、Ⅱ区、Ⅲ区
√	√	√			√			Ⅰ区、Ⅱ区、Ⅲ区
√	√	√			√			Ⅰ区、Ⅱ区、Ⅲ区
	√	√			√			Ⅰ区、Ⅱ区、Ⅲ区
√			√		√			Ⅰ区、Ⅱ区、Ⅲ区
	√	√		√	√			Ⅰ区、Ⅱ区、Ⅲ区

序号	中文名	拉丁学名	生态习性		
			耐淹性	耐旱性	耐盐碱性
13	狼尾草	*Pennisetum alopecuroides*	★★	★★★	★★
14	蒲苇	*Cortaderia selloana*	★★	★★★	★★
15	蓝羊茅	*Festuca glauca*	★★	★★★	★
16	佛甲草	*Sedum lineare*	★★	★★★	★
17	垂盆草	*Sedum sarmentosum*	★★	★★★	★
18	金叶景天	*Sedum reflexum*	★★	★★★	★
19	凹叶景天	*Sedum emarginatum*	★★	★★★	★
20	大花金鸡菊	*Coreopsis grandiflora*	★★	★★★	★
21	吉祥草	*Reineckia carnea*	★★	★★	★★
22	马尼拉草	*Zoysia matrella*	★★	★★	★★
23	斑叶芒	*Miscanthus sinensis* 'Zebrinus'	★★	★★	★★
24	诸葛菜	*Orychophragmus violaceus*	★★	★★	★★
25	兰花三七	*Liriope cymbidiomorpha*	★★	★★	★
26	柳叶马鞭草	*Verbena bonariensis*	★★	★★	★
27	紫花地丁	*Viola philippica*	★★	★★	★
28	虞美人	*Papaver rhoeas*	★★	★★	★
29	花菱草	*Eschscholzia californica*	★★	★★	★
30	天人菊	*Gaillardia pulchella*	★★	★★	★
31	庭菖蒲	*Sisyrinchium rosulatum*	★★	★★	△
32	麦冬	*Ophiopogon japonicus*	★	★	★★
33	丝兰	*Yucca smalliana*	★	★★★	★★★
34	八宝景天	*Hylotelephium erythrostictum*	★	★★★	★
35	红花酢浆草	*Oxalis corymbosa*	★	★★★	★
36	中华结缕草	*Zoysia sinica*	★	★★	★★
37	假俭草	*Eremochloa ophiuroides*	★	★★	★★
38	早熟禾	*Poa annua*	★	★★	★★
39	白车轴草	*Trifolium repens*	★	★★	★
40	美丽月见草	*Oenothera speciosa*	★	★★	★
41	石竹	*Dianthus chinensis*	★	★★	★
42	鼠尾草	*Salvia japonica*	★	★★	★
43	黄金菊	*Perennial chamomile*	★	★★	★
44	秋英	*Cosmos bipinnatus*	★	★★	★
45	松果菊	*Echinacea purpurea*	★	★★	★
46	紫叶山桃草	*Gaura lindheimeri* 'Crimson Bunny'	★	★★	★
47	紫娇花	*Tulbaghia violacea*	★	★★	★
48	萱草	*Hemerocallis fulva*	★	★★	★
49	活血丹	*Glechoma longituba*	★	★★	△

集雨型绿地应用类型				观赏特点				适生区域
植草汇水明沟	集雨缓坡 雨水花园 （花境、花溪）	雨水滞留区 雨水湿地	绿色屋顶	观花	观叶	观果	观形	
√	√	√	√	√	√			I区、II区、III区
√	√			√	√			I区、II区、III区
√	√				√			I区、II区、III区
			√		√			I区、II区、III区
			√		√			I区、II区、III区
			√		√			I区、II区、III区
			√		√			I区、II区、III区
	√	√	√	√				I区、II区、III区
√	√				√			I区、II区、III区
√			√		√			II区、III区
√	√	√	√		√			I区、II区、III区
	√	√		√				I区、II区、III区
√	√	√		√	√			I区、II区、III区
	√			√				I区、II区、III区
√	√			√				I区、II区、III区
	√			√				I区、II区、III区
	√			√				I区、II区、III区
	√			√				I区、II区、III区
	√	√	√	√				I区、II区、III区
√	√	√		√	√			IA区、II区、III区
√	√		√		√			I区、II区、III区
	√			√	√			I区、II区、III区
			√		√			I区、II区、III区
√	√			√	√			I区、II区、III区
√			√		√			I区、II区、III区
√			√		√			I区、II区、III区
√			√		√			I区、II区、III区
√	√	√	√	√	√			I区、II区、III区
	√				√			I区、II区、III区
	√				√			I区、II区、III区
	√		√	√				I区、II区、III区
	√		√	√	√			I区、II区、III区
	√	√		√				I区、II区、III区
	√	√		√				I区、II区、III区
	√	√		√	√			I区、II区、III区
√	√	√	√	√	√			I区、II区、III区
√	√	√	√	√	√			I区、II区、III区
	√	√			√			IA区、II区、III区

序号	中文名	拉丁学名	生态习性		
			耐淹性	耐旱性	耐盐碱性
50	玉簪	*Hosta plantaginea*	★	★★	△
51	蔓长春花	*Vinca major*	★	★	★★
52	沿阶草	*Ophiopogon bodinieri*	★	★	★★
53	火炬花	*Kniphofia uvaria*	★	★	★★
54	美女樱	*Verbena hybrida*	★	★	★
55	大滨菊	*Chrysanthemum maximum*	★	★	★

竹类植物（10种）

序号	中文名	拉丁学名	生态习性		
			耐淹性	耐旱性	耐盐碱性
1	淡竹	*Phyllostachys glauca*	★	★★	★
2	紫竹	*Phyllostachys nigra*	★	★★	★
3	斑竹	*Phyllostachys bambussoides* f. *lacrimadeae*	★	★★	★
4	菲白竹	*Sasa fortunei*	★	★★	★
5	红哺鸡竹	*Phyllostachys iridescens*	★	★★	★
6	阔叶箬竹	*Indocalamus latifolius*	★	★	★
7	短穗竹	*Semiarundiaria densiflora*	★	★	★
8	鹅毛竹	*Shibataea chinensis*	★	★	★
9	箬竹	*Indocalamus tessellatus*	★	★	★
10	孝顺竹	*Bambusa multiplex*	★	★	★

水生植物（30种）

序号	中文名	拉丁学名	生活型	耐旱性
1	水生美人蕉	*Canna glauca*	挺水	★★
2	芦苇	*Phragmites australis*	挺水	★★
3	芦竹	*Arundo donax*	挺水	★★
4	花叶芦竹	*Arundo donax* var. *versicolor*	挺水	★★
5	溪荪	*Iris sanguinea*	挺水	★
6	黄菖蒲	*Iris pseudacorus*	挺水	★
7	玉蝉花	*Iris ensata*	挺水	★

| 集雨型绿地应用类型 | | | | 观赏特点 | | | | 适生区域 |
植草汇水明沟	集雨缓坡雨水花园（花境、花溪）	雨水滞留区雨水湿地	绿色屋顶	观花	观叶	观果	观形	
	√			√	√			Ⅱ区、Ⅲ区
√	√	√			√			Ⅰ区、Ⅱ区、Ⅲ区
√	√				√			Ⅰ区、Ⅱ区、Ⅲ区
	√				√			Ⅰ区、Ⅱ区、Ⅲ区
	√	√		√				Ⅰ区、Ⅱ区、Ⅲ区
	√	√		√				Ⅰ区、Ⅱ区、Ⅲ区

| 集雨型绿地应用类型 | | | | 观赏特点 | | | | 适生区域 |
植草汇水明沟	集雨缓坡雨水花园（花境、花溪）	雨水滞留区雨水湿地	绿色屋顶	观花	观叶	观果	观形	
	√				√		√	Ⅰ区、Ⅱ区、Ⅲ区
	√				√		√	Ⅰ区、Ⅱ区、Ⅲ区
	√				√		√	Ⅰ区、Ⅱ区、Ⅲ区
	√	√			√		√	Ⅰ区、Ⅱ区、Ⅲ区
	√				√		√	Ⅰ区、Ⅱ区、Ⅲ区
	√	√			√		√	Ⅱ区、Ⅲ区
	√				√		√	Ⅱ区、Ⅲ区
	√				√		√	Ⅱ区、Ⅲ区
	√	√			√		√	Ⅰ区、Ⅱ区、Ⅲ区
	√				√		√	Ⅱ区、Ⅲ区

| 集雨型绿地应用类型 | | | | 观赏特点 | | | | 适生区域 |
植草汇水明沟	集雨缓坡雨水花园（花境、花溪）	雨水滞留区雨水湿地	绿色屋顶	观花	观叶	观果	观形	
	√	√		√	√			Ⅰ区、Ⅱ区、Ⅲ区
	√	√			√			Ⅰ区、Ⅱ区、Ⅲ区
	√				√			Ⅰ区、Ⅱ区、Ⅲ区
	√				√			Ⅰ区、Ⅱ区、Ⅲ区
√				√	√			Ⅰ区、Ⅱ区、Ⅲ区
				√	√			Ⅰ区、Ⅱ区、Ⅲ区
				√	√			Ⅰ区、Ⅱ区、Ⅲ区

序号	中文名	拉丁学名	生活型	耐旱性
8	水生鸢尾	*Water Iris*	挺水	★
9	菰	*Zizania latifolia*	挺水	★
10	水葱	*Schoenoplectus tabernaemontani*	挺水	★
11	旱伞草	*Phyllostachys heteroclada*	挺水	★
12	再力花	*Thalia dealbata*	挺水	★
13	千屈菜	*Lythrum salicaria*	挺水	★
14	香蒲	*Typha orientalis*	挺水	★
15	慈姑	*Sagittaria trifolia*	挺水	★
16	梭鱼草	*Pontederia cordata*	挺水	★
17	雨久花	*Monochoria korsakowii*	挺水	★
18	南美天胡荽	*Hydrocotyle vulgaris*	挺水	★
19	灯芯草	*Juncus effusus*	挺水	△
20	荷花	*Nelumbo nucifera*	挺水	△
21	泽泻	*Alisma plantago-aquatica*	挺水	△
22	睡莲	*N.tetragona*	浮叶	△
23	芡实	*Euryale ferox*	浮叶	△
24	萍蓬草	*Nuphar pumilum*	浮叶	△
25	菱角	*Trapa bispinosa*	漂浮	△
26	眼子菜	*Potamogeton distinctus*	沉水	△
27	苦草	*Vallisneria natans*	沉水	△
28	黑藻	*Hydrilla verticillata*	沉水	△
29	狐尾藻	*Myriophyllum verticillatum*	沉水	△
30	金鱼藻	*Ceratophyllum demersum*	沉水	△

注: 1.集雨型绿地的类型中,集雨缓坡和雨水花园(花境、花溪)、雨水滞留区和雨水湿地,植物生长环境类似,因此分别归为一类。

2.★表示具有一定的能力,★★表示能力较强,★★★表示能力强,△表示能力很弱或不具备,√表示可用于此类型的绿地。

3.耐淹性:★★★表示可以耐15天以上水湿,生长势几乎不受影响或生长势放缓但水退后恢复正常;★★表示可以耐6~14天水湿,长势略放缓或出现部分落叶情况;★表示可以耐3~5天水湿,长势放缓但不致死亡。

4.耐旱性:★★★表示可以耐30天以上干旱,生长势几乎不受影响或略放缓;★★表示可以耐16~29天干旱,长势略放缓或出现部分落叶情况;★表示可以耐15天以内干旱,长势放缓但不致死亡。

集雨型绿地应用类型				观赏特点				适生区域
植草汇水明沟	集雨缓坡雨水花园（花境、花溪）	雨水滞留区雨水湿地	绿色屋顶	观花	观叶	观果	观形	
	√	√		√	√			Ⅰ区、Ⅱ区、Ⅲ区
		√			√			Ⅱ区、Ⅲ区
		√			√			Ⅰ区、Ⅱ区、Ⅲ区
	√	√			√			Ⅰ区、Ⅱ区、Ⅲ区
		√		√	√			Ⅰ区、Ⅱ区、Ⅲ区
	√	√		√	√			Ⅰ区、Ⅱ区、Ⅲ区
	√	√		√	√			Ⅰ区、Ⅱ区、Ⅲ区
		√			√			Ⅰ区、Ⅱ区、Ⅲ区
		√		√	√			Ⅰ区、Ⅱ区、Ⅲ区
		√		√	√			Ⅰ区、Ⅱ区、Ⅲ区
	√	√			√			Ⅰ区、Ⅱ区、Ⅲ区
√	√	√			√			Ⅰ区、Ⅱ区、Ⅲ区
		√		√	√			Ⅱ区、Ⅲ区
		√			√			Ⅲ区
		√		√	√			Ⅰ区、Ⅱ区、Ⅲ区
		√			√	√		Ⅱ区、Ⅲ区
		√		√	√			Ⅲ区
		√			√			Ⅱ区、Ⅲ区
		√			√			Ⅰ区、Ⅱ区、Ⅲ区
		√			√			Ⅰ区、Ⅱ区、Ⅲ区
		√			√			Ⅰ区、Ⅱ区、Ⅲ区
		√			√			Ⅰ区、Ⅱ区、Ⅲ区
		√			√			Ⅰ区、Ⅱ区、Ⅲ区

5. 耐盐碱性：★★★表示可以在含盐量 0.4% 以上的土壤中正常生长；★★表示可以在含盐量 0.2%~0.4% 以上的土壤中正常生长；★表示可以在含盐量约 0.2% 的土壤中正常生长。

6. 挺水植物：适宜生长的水深 15~60 cm；浮叶植物：适宜生长的水深 60~150 cm；漂浮植物：适宜生长的水深不小于 50 cm；沉水植物：适宜生长的水深 50~200 cm。

3. 不同应用类型推荐植物表

适生区域	应用类型	植物种类
I A区	植草汇水明沟	**草本植物**：马蔺、石菖蒲、鸢尾、三白草、鸭儿芹、金线蒲、狗牙根、狼尾草、蒲苇、蓝羊茅、吉祥草、斑叶芒、兰花三七、紫花地丁、庭菖蒲、麦冬、红花酢浆草、中华结缕草、早熟禾、白车轴草、紫娇花、萱草、蔓长春花、沿阶草 **水生植物**：溪荪、灯芯草
	集水缓坡雨水花园（花境、花溪）	**乔木**：旱柳、乌桕、柽柳、落羽杉、腺柳、垂柳、榔榆、柘树、墨西哥落羽杉、池杉、中山杉、桑、杜梨、豆梨、枫杨、楝、黄连木、飞蛾槭、粗糠树、重阳木、白蜡树、湿地松、榉树、朴树、江南桤木、麻栎、柳叶栎、二球悬铃木、红叶李、无患子、水杉、槐、臭椿、石楠、香椿、蚊母树、三角枫、红花槭、厚壳树 **灌木**：彩叶杞柳、紫穗槐、海滨木槿、雪柳、牡荆、夹竹桃、栀子、迎春花、接骨木、山麻杆、水蜡树、金边六月雪、红叶石楠、醉鱼草、黄杨、伞房决明、胡颓子、洒金桃叶珊瑚、小叶女贞、金叶大花六道木、郁香忍冬 **藤本植物**：中华常春藤、络石、五叶地锦、扶芳藤、薜荔、爬行卫矛、藤本蔷薇、木香花 **草本植物**：红蓼、马蔺、美人蕉、石菖蒲、鸢尾、金脉大花美人蕉、三白草、鸭儿芹、金线蒲、荻、狼尾草、蒲苇、蓝羊茅、大花金鸡菊、吉祥草、斑叶芒、诸葛菜、兰花三七、柳叶马鞭草、紫花地丁、虞美人、花菱草、天人菊、庭菖蒲、麦冬、丝兰、红花酢浆草、白车轴草、美丽月见草、石竹、鼠尾草、黄金菊、秋英、松果菊、紫叶山桃草、紫娇花、萱草、活血丹、蔓长春花、沿阶草、火炬花、美女樱、大滨菊 **竹类**：淡竹、紫竹、斑竹、菲白竹、红哺鸡竹、箬竹 **水生植物**：水生美人蕉、芦苇、芦竹、花叶芦竹、溪荪、黄菖蒲、玉蝉花、水生鸢尾、旱伞草、千屈菜、香蒲、南美天胡荽、灯芯草

适生区域	应用类型	植物种类
ⅠA区	雨水滞留区、雨水湿地	**乔木**：旱柳、乌桕、柽柳、落羽杉、腺柳、垂柳、榔榆、柘树、墨西哥落羽杉、池杉、中山杉、桑、豆梨、枫杨、楝、黄连木、粗糠树、麻栎、槐、蚊母树、三角枫 **灌木**：彩叶杞柳、紫穗槐、海滨木槿、雪柳、夹竹桃、栀子、接骨木、山麻杆、红叶石楠、醉鱼草 **草本植物**：红蓼、马蔺、美人蕉、石菖蒲、鸢尾、金脉大花美人蕉、三白草、鸭儿芹、金线蒲、荻、狼尾草、蒲苇、大花金鸡菊、斑叶芒、诸葛菜、兰花三七、天人菊、庭菖蒲、白车轴草、秋英、松果菊、紫叶山桃草、紫娇花、萱草、活血丹、蔓长春花、大滨菊 **水生植物**：水生美人蕉、芦苇、芦竹、花叶芦竹、溪荪、黄菖蒲、玉蝉花、水生鸢尾、水葱、旱伞草、再力花、千屈菜、香蒲、慈姑、梭鱼草、雨久花、南美天胡荽、灯芯草、荷花、睡莲、眼子菜、苦草、黑藻、狐尾藻、金鱼藻
	绿色屋顶	**灌木**：迎春花、金边六月雪、红叶石楠、黄杨、胡颓子、小叶女贞、金叶大花六道木 **藤本植物**：中华常春藤、络石、五叶地锦、扶芳藤、薜荔、爬行卫矛、藤本蔷薇、木香花 **草本植物**：狗牙根、狼尾草、蓝羊茅、佛甲草、垂盆草、金叶景天、凹叶景天、大花金鸡菊、斑叶芒、宿根天人菊、麦冬、八宝景天、中华结缕草、假俭草、早熟禾、白车轴草、鼠尾草、黄金菊、紫娇花、萱草、蔓长春花、沿阶草、美女樱、大滨菊 **竹类**：菲白竹、箬竹

适生区域	应用类型	植物种类
IB区	植草汇水明沟	**草本植物**：马蔺、石菖蒲、鸢尾、三白草、鸭儿芹、金线蒲、狗牙根、狼尾草、蒲苇、蓝羊茅、吉祥草、斑叶芒、兰花三七、紫花地丁、麦冬、红花酢浆草、中华结缕草、早熟禾、白车轴草、紫娇花、萱草、蔓长春花、沿阶草 **水生植物**：溪荪、灯芯草
	集水缓坡雨水花园（花境、花溪）	**乔木**：旱柳、乌桕、柽柳、落羽杉、腺柳、垂柳、榔榆、柘树、墨西哥落羽杉、池杉、中山杉、桑、杜梨、豆梨、枫杨、楝、黄连木、粗糠树、重阳木、白蜡树、湿地松、榉树、朴树、江南桤木、麻栎、柳叶栎、二球悬铃木、红叶李、无患子、水杉、槐、臭椿、石楠、香椿、蚊母树、三角枫、红花檵、厚壳树 **灌木**：彩叶杞柳、紫穗槐、海滨木槿、雪柳、牡荆、夹竹桃、栀子、迎春花、接骨木、山麻杆、水蜡树、金边六月雪、红叶石楠、醉鱼草、黄杨、伞房决明、胡颓子、洒金桃叶珊瑚、小叶女贞、金叶大花六道木、郁香忍冬 **藤本植物**：中华常春藤、络石、五叶地锦、扶芳藤、薜荔、爬行卫矛、藤本蔷薇、木香花 **草本植物**：红蓼、马蔺、美人蕉、石菖蒲、鸢尾、金脉大花美人蕉、三白草、鸭儿芹、金线蒲、荻、狼尾草、蒲苇、蓝羊茅、大花金鸡菊、吉祥草、斑叶芒、诸葛菜、兰花三七、柳叶马鞭草、紫花地丁、虞美人、花菱草、天人菊、麦冬、丝兰、红花酢浆草、白车轴草、美丽月见草、石竹、鼠尾草、黄金菊、秋英、松果菊、紫叶山桃草、紫娇花、萱草、蔓长春花、沿阶草、火炬花、美女樱、大滨菊 **竹类**：淡竹、紫竹、斑竹、菲白竹、红哺鸡竹、箬竹 **水生植物**：水生美人蕉、芦苇、芦竹、花叶芦竹、溪荪、黄菖蒲、玉蝉花、水生鸢尾、旱伞草、千屈菜、香蒲、南美天胡荽、灯芯草

适生区域	应用类型	植物种类
IB区	雨水滞留区、雨水湿地	**乔木**：旱柳、乌桕、柽柳、落羽杉、腺柳、垂柳、榔榆、柘树、墨西哥落羽杉、池杉、中山杉、桑、豆梨、枫杨、楝、黄连木、粗糠树、麻栎、槐、蚊母树、三角枫 **灌木**：彩叶杞柳、紫穗槐、海滨木槿、雪柳、夹竹桃、栀子、接骨木、山麻杆、红叶石楠、醉鱼草 **草本植物**：红蓼、马蔺、美人蕉、石菖蒲、鸢尾、金脉大花美人蕉、三白草、鸭儿芹、金线蒲、荻、狼尾草、蒲苇、大花金鸡菊、斑叶芒、诸葛菜、兰花三七、天人菊、白车轴草、秋英、松果菊、紫叶山桃草、紫娇花、萱草、活血丹、蔓长春花、大滨菊 **水生植物**：水生美人蕉、芦苇、芦竹、花叶芦竹、溪荪、黄菖蒲、玉蝉花、水生鸢尾、水葱、旱伞草、再力花、千屈菜、香蒲、慈姑、梭鱼草、雨久花、南美天胡荽、灯芯草、荷花、睡莲、眼子菜、苦草、黑藻、狐尾藻、金鱼藻
	绿色屋顶	**灌木**：迎春花、金边六月雪、红叶石楠、黄杨、洒金桃叶珊瑚、小叶女贞、金叶大花六道木 **藤本植物**：中华常春藤、络石、五叶地锦、扶芳藤、薜荔、爬行卫矛、藤本蔷薇、木香花 **草本植物**：狗牙根、狼尾草、蓝羊茅、佛甲草、垂盆草、金叶景天、凹叶景天、大花金鸡菊、斑叶芒、宿根天人菊、麦冬、八宝景天、中华结缕草、假俭草、旱熟禾、白车轴草、鼠尾草、黄金菊、紫娇花、萱草、蔓长春花、沿阶草、美女樱、大滨菊 **竹类**：菲白竹、箬竹

适生区域	应用类型	植物种类
II区	植草汇水明沟	**草本植物**：马蔺、香根草、石菖蒲、鸢尾、三白草、鸭儿芹、金线蒲、狗牙根、狼尾草、蒲苇、蓝羊茅、吉祥草、马尼拉草、斑叶芒、兰花三七、紫花地丁、庭菖蒲、麦冬、红花酢浆草、中华结缕草、早熟禾、白车轴草、紫娇花、萱草、蔓长春花、沿阶草 **水生植物**：溪荪、灯芯草
	集水缓坡雨水花园（花境、花溪）	**乔木**：旱柳、乌桕、柽柳、落羽杉、腺柳、垂柳、榔榆、柘树、墨西哥落羽杉、池杉、中山杉、桑、杜梨、豆梨、枫杨、楝、黄连木、飞蛾槭、粗糠树、重阳木、白蜡树、湿地松、喜树、榉树、朴树、江南桤木、麻栎、娜塔栎、柳叶栎、二球悬铃木、红叶李、无患子、水杉、槐、臭椿、石楠、香椿、蚊母树、三角枫、红花槭、樟、厚壳树 **灌木**：彩叶杞柳、紫穗槐、海滨木槿、雪柳、牡荆、夹竹桃、栀子、迎春花、接骨木、山麻杆、水蜡树、金边六月雪、红花檵木、红叶石楠、醉鱼草、黄杨、伞房决明、枸骨、胡颓子、洒金桃叶珊瑚、小叶女贞、金叶大花六道木、郁香忍冬、珊瑚树 **藤本植物**：中华常春藤、络石、五叶地锦、扶芳藤、薜荔、爬行卫矛、藤本蔷薇、木香花 **草本植物**：红蓼、马蔺、香根草、美人蕉、石菖蒲、鸢尾、金脉大花美人蕉、三白草、鸭儿芹、金线蒲、荻、狼尾草、蒲苇、蓝羊茅、大花金鸡菊、吉祥草、斑叶芒、诸葛菜、兰花三七、柳叶马鞭草、紫花地丁、虞美人、花菱草、天人菊、庭菖蒲、麦冬、丝兰、红花酢浆草、白车轴草、美丽月见草、石竹、鼠尾草、黄金菊、秋英、松果菊、紫叶山桃草、紫娇花、萱草、活血丹、玉簪、蔓长春花、沿阶草、火炬花、美女樱、大滨菊 **竹类**：淡竹、紫竹、斑竹、菲白竹、红哺鸡竹、阔叶箬竹、短穗竹、鹅毛竹、箬竹、孝顺竹 **水生植物**：水生美人蕉、芦苇、芦竹、花叶芦竹、溪荪、黄菖蒲、玉蝉花、水生鸢尾、旱伞草、千屈菜、香蒲、南美天胡荽、灯芯草

适生区域	应用类型	植物种类
Ⅱ区	雨水滞留区、雨水湿地	**乔木**：旱柳、乌桕、柽柳、落羽杉、腺柳、垂柳、榔榆、柘树、墨西哥落羽杉、池杉、中山杉、桑、豆梨、枫杨、楝、黄连木、粗糠树、麻栎、槐、蚊母树、三角枫、樟 **灌木**：彩叶杞柳、紫穗槐、海滨木槿、雪柳、夹竹桃、栀子、接骨木、山麻杆、红叶石楠、醉鱼草 **草本植物**：红蓼、马蔺、香根草、美人蕉、石菖蒲、鸢尾、金脉大花美人蕉、三白草、鸭儿芹、金线蒲、荻、狼尾草、蒲苇、大花金鸡菊、斑叶芒、诸葛菜、兰花三七、天人菊、庭菖蒲、白车轴草、秋英、松果菊、紫叶山桃草、紫娇花、萱草、活血丹、蔓长春花、大滨菊 **水生植物**：水生美人蕉、芦苇、芦竹、花叶芦竹、溪荪、黄菖蒲、玉蝉花、水生鸢尾、菰、水葱、旱伞草、再力花、千屈菜、香蒲、慈姑、梭鱼草、雨久花、南美天胡荽、灯芯草、荷花、睡莲、芡实、菱角、眼子菜、苦草、黑藻、狐尾藻、金鱼藻
	绿色屋顶	**灌木**：迎春花、金边六月雪、红花檵木、红叶石楠、黄杨、洒金桃叶珊瑚、小叶女贞、金叶大花六道木 **藤本植物**：中华常春藤、络石、五叶地锦、扶芳藤、薜荔、爬行卫矛、藤本蔷薇、木香花 **草本植物**：草本：狗牙根、狼尾草、蓝羊茅、佛甲草、垂盆草、金叶景天、凹叶景天、大花金鸡菊、马尼拉草、斑叶芒、宿根天人菊、麦冬、八宝景天、中华结缕草、假俭草、早熟禾、白车轴草、鼠尾草、黄金菊、紫娇花、萱草、蔓长春花、沿阶草、美女樱、大滨菊 **竹类**：菲白竹、阔叶箬竹、鹅毛竹、箬竹

适生区域	应用类型	植物种类
ⅢA区	植草汇水明沟	**草本植物**：马蔺、香根草、石菖蒲、鸢尾、三白草、鸭儿芹、金线蒲、狗牙根、狼尾草、蒲苇、蓝羊茅、吉祥草、马尼拉草、斑叶芒、兰花三七、紫花地丁、庭菖蒲、麦冬、红花酢浆草、中华结缕草、早熟禾、白车轴草、紫娇花、萱草、蔓长春花、沿阶草 **水生植物**：溪荪、灯芯草
	集水缓坡雨水花园（花境、花溪）	**乔木**：旱柳、乌桕、柽柳、落羽杉、腺柳、垂柳、榔榆、柘树、墨西哥落羽杉、池杉、中山杉、桑、豆梨、枫杨、楝、黄连木、飞蛾槭、粗糠树、重阳木、白蜡树、湿地松、喜树、榉树、朴树、江南桤木、麻栎、娜塔栎、柳叶栎、二球悬铃木、红叶李、无患子、水杉、槐、臭椿、石楠、蚊母树、三角枫、红花槭、樟、厚壳树 **灌木**：彩叶杞柳、紫穗槐、海滨木槿、雪柳、牡荆、夹竹桃、栀子、迎春花、接骨木、山麻杆、水蜡树、细叶水团花、金边六月雪、红花檵木、火棘、红叶石楠、醉鱼草、黄杨、伞房决明、枸骨、胡颓子、洒金桃叶珊瑚、小叶女贞、金叶大花六道木、郁香忍冬、珊瑚树 **藤本植物**：中华常春藤、络石、五叶地锦、扶芳藤、薜荔、爬行卫矛、藤本蔷薇、木香花 **草本植物**：红蓼、马蔺、香根草、美人蕉、石菖蒲、鸢尾、金脉大花美人蕉、三白草、鸭儿芹、金线蒲、荻、狼尾草、蒲苇、蓝羊茅、大花金鸡菊、吉祥草、斑叶芒、诸葛菜、兰花三七、柳叶马鞭草、紫花地丁、虞美人、花菱草、天人菊、庭菖蒲、麦冬、丝兰、红花酢浆草、白车轴草、美丽月见草、石竹、鼠尾草、黄金菊、秋英、松果菊、紫山桃草、紫娇花、萱草、活血丹、玉簪、蔓长春花、沿阶草、火炬草、美女樱、大滨菊 **竹类**：淡竹、紫竹、斑竹、菲白竹、红哺鸡竹、阔叶箬竹、短穗竹、鹅毛竹、箬竹、孝顺竹 **水生植物**：水生美人蕉、芦苇、芦竹、花叶芦竹、溪荪、黄菖蒲、玉蝉花、水生鸢尾、旱伞草、千屈菜、香蒲、南美天胡荽、灯芯草

适生区域	应用类型	植物种类
ⅢA区	雨水滞留区、雨水湿地	**乔木**：旱柳、乌桕、柽柳、落羽杉、腺柳、垂柳、榔榆、柘树、墨西哥落羽杉、池杉、中山杉、桑、豆梨、枫杨、楝、黄连木、粗糠树、麻栎、槐、蚊母树、三角枫、樟 **灌木**：彩叶杞柳、紫穗槐、海滨木槿、雪柳、夹竹桃、栀子、接骨木、山麻杆、红叶石楠、醉鱼草 **草本植物**：红蓼、马蔺、香根草、美人蕉、石菖蒲、鸢尾、金脉大花美人蕉、三白草、鸭儿芹、金线蒲、荻、狼尾草、蒲苇、大花金鸡菊、斑叶芒、玉蝉花、兰花三七、天人菊、庭菖蒲、白车轴草、秋英、松果菊、紫叶山桃草、紫娇花、萱草、活血丹、蔓长春花、大滨菊 **水生植物**：水生美人蕉、芦苇、芦竹、花叶芦竹、溪荪、黄菖蒲、玉蝉花、水生鸢尾、菰、水葱、旱伞草、再力花、千屈菜、香蒲、慈姑、梭鱼草、雨久花、南美天胡荽、灯芯草、荷花、泽泻、睡莲、芡实、萍蓬草、菱角、眼子菜、苦草、黑藻、狐尾藻、金鱼藻
	绿色屋顶	**灌木**：迎春花、金边六月雪、红花檵木、红叶石楠、黄杨、洒金桃叶珊瑚、小叶女贞、金叶大花六道木 **藤本植物**：中华春藤、络石、五叶地锦、扶芳藤、薜荔、爬行卫矛、藤本蔷薇、木香花 **草本植物**：草本：狗牙根、狼尾草、蓝羊茅、佛甲草、垂盆草、金叶景天、凹叶景天、大花金鸡菊、马尼拉草、斑叶芒、宿根天人菊、麦冬、八宝景天、中华结缕草、假俭草、早熟禾、白车轴草、鼠尾草、黄金菊、紫娇花、萱草、蔓长春花、沿阶草、美女樱、大滨菊 **竹类**：菲白竹、阔叶箬竹、鹅毛竹、箬竹

适生区域	应用类型	植物种类
ⅢB区	植草汇水明沟	**草本植物**：马蔺、香根草、石菖蒲、鸢尾、三白草、鸭儿芹、金线蒲、狗牙根、狼尾草、蒲苇、蓝羊茅、吉祥草、马尼拉草、斑叶芒、兰花三七、紫花地丁、庭菖蒲、麦冬、红花酢浆草、中华结缕草、早熟禾、白车轴草、紫娇花、萱草、蔓长春花、沿阶草 **水生植物**：溪荪、灯芯草
	集水缓坡雨水花园（花境、花溪）	**乔木**：旱柳、乌桕、柽柳、落羽杉、腺柳、垂柳、榔榆、柘树、墨西哥落羽杉、池杉、中山杉、桑、豆梨、枫杨、楝、黄连木、飞蛾槭、粗糠树、重阳木、白蜡树、湿地松、喜树、榉树、朴树、江南桤木、麻栎、娜塔栎、柳叶栎、二球悬铃木、红叶李、无患子、水杉、槐、臭椿、石楠、蚊母树、三角枫、红花槭、樟、厚壳树
		灌木：彩叶杞柳、紫穗槐、海滨木槿、雪柳、牡荆、夹竹桃、栀子、迎春花、接骨木、山麻杆、水蜡树、细叶水团花、金边六月雪、红花檵木、火棘、红叶石楠、醉鱼草、黄杨、伞房决明、枸骨、胡颓子、洒金桃叶珊瑚、小叶女贞、金叶大花六道木、郁香忍冬、珊瑚树
		藤本植物：中华常春藤、络石、五叶地锦、扶芳藤、薜荔、爬行卫矛、藤本蔷薇、木香花
		草本植物：红蓼、白花马蔺、香根草、美人蕉、石菖蒲、鸢尾、金脉大花美人蕉、三白草、鸭儿芹、金线蒲、荻、狼尾草、蒲苇、蓝羊茅、大花金鸡菊、吉祥草、斑叶芒、诸葛菜、兰花三七、柳叶马鞭草、紫花地丁、虞美人、花菱草、天人菊、庭菖蒲、麦冬、丝兰、红花酢浆草、白车轴草、美丽月见草、石竹、鼠尾草、黄金菊、秋英、松果菊、紫叶山桃草、紫娇花、萱草、活血丹、玉簪、蔓长春花、沿阶草、火炬花、美女樱、大滨菊
		竹类：淡竹、紫竹、斑竹、菲白竹、红哺鸡竹、阔叶箬竹、短穗竹、鹅毛竹、箬竹、孝顺竹
		水生植物：水生美人蕉、芦苇、芦竹、花叶芦竹、溪荪、黄菖蒲、玉蝉花、水生鸢尾、旱伞草、千屈菜、香蒲、南美天胡荽、灯芯草

适生区域	应用类型	植物种类
ⅢB区	雨水滞留区、雨水湿地	**乔木**：旱柳、乌桕、柽柳、落羽杉、腺柳、垂柳、榔榆、柘树、墨西哥落羽杉、池杉、中山杉、桑、豆梨、枫杨、楝、黄连木、粗糠树、麻栎、槐、蚊母树、三角枫、樟 **灌木**：彩叶杞柳、紫穗槐、海滨木槿、雪柳、夹竹桃、栀子、接骨木、山麻杆、红叶石楠、醉鱼草 **草本植物**：红蓼、马蔺、香根草、美人蕉、石菖蒲、鸢尾、金脉大花美人蕉、三白草、鸭儿芹、金线蒲、荻、狼尾草、蒲苇、大花金鸡菊、斑叶芒、诸葛菜、兰花三七、天人菊、庭菖蒲、白车轴草、秋英、松果菊、紫叶山桃草、紫娇花、萱草、活血丹、蔓长春花、大滨菊 **水生植物**：水生美人蕉、芦苇、芦竹、花叶芦竹、溪荪、黄菖蒲、玉蝉花、水生鸢尾、茭、水葱、旱伞草、再力花、千屈菜、香蒲、慈姑、梭鱼草、雨久花、南美天胡荽、灯芯草、荷花、泽泻、睡莲、芡实、萍蓬草、菱角、眼子菜、苦草、黑藻、狐尾藻、金鱼藻
	绿色屋顶	**灌木**：迎春花、金边六月雪、红花檵木、红叶石楠、黄杨、洒金桃叶珊瑚、小叶女贞、金叶大花六道木 **藤本植物**：中华春藤、络石、五叶地锦、扶芳藤、薜荔、爬行卫矛、藤本蔷薇、木香花 **草本植物**：草本：狗牙根、狼尾草、蓝羊茅、佛甲草、垂盆草、金叶景天、凹叶景天、大花金鸡菊、马尼拉草、斑叶芒、宿根天人菊、麦冬、八宝景天、中华结缕草、假俭草、早熟禾、白车轴草、鼠尾草、黄金菊、紫娇花、萱草、蔓长春花、沿阶草、美女樱、大滨菊 **竹类**：菲白竹、阔叶箬竹、鹅毛竹、箬竹

4.应用类型示例

(1) 植草汇水明沟

推荐品种：

草本植物：马蔺、香根草、石菖蒲、鸢尾、三白草、鸭儿芹、金线蒲、狗牙根、狼尾草、蒲苇、蓝羊茅、吉祥草、马尼拉草、斑叶芒、兰花三七、紫花地丁、庭菖蒲、麦冬、红花酢浆草、中华结缕草、假俭草、早熟禾、白车轴草、紫娇花、萱草、蔓长春花、沿阶草

水生植物：溪荪、灯芯草

模式举例：
模式一：（单一草本）
马尼拉草、白车轴草、中华结缕草、狗牙根
模式二：（草本组合）
① 狗牙根 + 马蔺 + 美女樱 + 狼尾草
② 麦冬 + 鹅毛竹 + 紫花酢浆草 + 蒲苇
③ 鸢尾 + 马蔺 + 斑叶芒 + 狼尾草
④ 紫花地丁 + 庭菖蒲

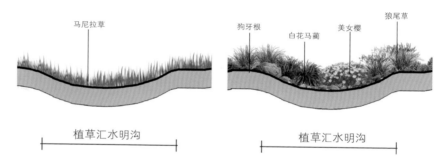

植草汇水明沟　　　　　　　　植草汇水明沟

(2) 集雨缓坡、雨水花园（花境、花溪）

推荐品种：

乔木：旱柳、乌桕、柽柳、落羽杉、腺柳、垂柳、榔榆、柘树、墨西哥落羽杉、池杉、中山杉、桑、杜梨、豆梨、枫杨、楝、黄连木、飞蛾槭、粗糠树、重阳木、白蜡树、湿地松、榉树、江南桤木、麻栎、娜塔栎、柳叶栎、二球悬铃木、红叶李、水杉、槐、臭椿、石楠、香椿、喜树、朴树、三角枫、红花槭、无患子、樟、厚壳树

灌木：彩叶杞柳、紫穗槐、海滨木槿、雪柳、牡荆、夹竹桃、迎春花、接骨木、山麻杆、水蜡树、细叶水团花、金边六月雪、红花檵木、火棘、红叶石楠、醉鱼草、栀子、黄杨、伞房决明、枸骨、胡颓子、洒金桃叶珊瑚、小叶女贞、金叶大花六道木、郁香忍冬、珊瑚树

藤本植物：中华常春藤、扶芳藤、薜荔、爬行卫矛、藤本蔷薇、木香花、络石、五叶地锦

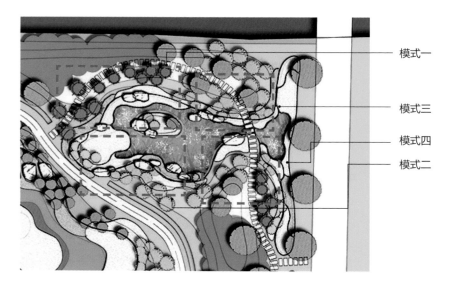

乔木	针叶常绿	针叶落叶	阔叶常绿	阔叶落叶
图例	●	●	●	●
灌木	常绿	落叶	地被	
图例	●	●	▬	

　　草本植物：红蓼、马蔺、香根草、美人蕉、石菖蒲、鸢尾、金脉大花美人蕉、三白草、鸭儿芹、金线蒲、狗牙根、荻、狼尾草、蒲苇、蓝羊茅、大花金鸡菊、吉祥草、斑叶芒、诸葛菜、兰花三七、柳叶马鞭草、紫花地丁、虞美人、花菱草、天人菊、庭菖蒲、麦冬、丝兰、红花酢浆草、白车轴草、美丽月见草、石竹、鼠尾草、黄金菊、秋英、松果菊、紫叶山桃草、紫娇花、萱草、活血丹、玉簪、蔓长春花、沿阶草、火炬花、美女樱、大滨菊

　　竹类植物：淡竹、紫竹、斑竹、菲白竹、红哺鸡竹、阔叶箬竹、短穗竹、鹅毛竹、箬竹、孝顺竹

　　水生植物：水生美人蕉、芦苇、芦竹、花叶芦竹、溪荪、黄菖蒲、玉蝉花、水生鸢尾、旱伞草、再力花、千屈菜、香蒲、慈姑、南美天胡荽、灯芯草

模式一：（乔木 - 地被）

① 榉树 – 美丽月见草 + 鸢尾 + 麦冬

② 臭椿 + 榉树 – 美女樱 + 柳叶马鞭草 + 白车轴草

③ 池杉 + 落羽杉 – 蓝羊茅 + 狼尾草 + 蒲苇 + 芒 + 沿阶草

④ 麻栎 + 三角枫 – 柳叶马鞭草 + 虞美人 + 吉祥草

⑤ 朴树 – 宿根天人菊 + 松果菊 + 三白草

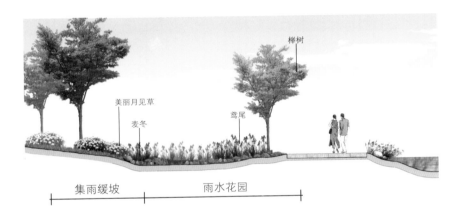

模式二：（灌木 – 地被）

① 杞柳 + 红花檵木 + 枸骨 – 鸢尾 + 麦冬 + 沿阶草

② 洒金桃叶珊瑚 + 珍珠梅 + 栀子 – 松果菊 + 麦冬

③ 彩叶杞柳 + 紫穗槐 + 接骨木 – 红蓼 + 石菖蒲

④ 细叶水团花 – 山桃草 + 天人菊 + 吉祥草

⑤ 夹竹桃 – 花叶玉簪 + 美丽月见草 + 麦冬

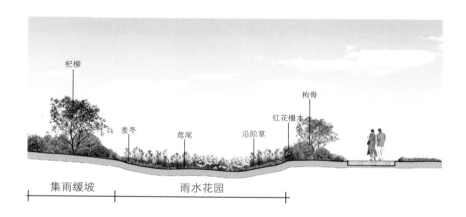

模式三：（乔木－灌木－地被）

① 水杉＋黄连木＋乌桕－石楠＋醉鱼草－菲白竹＋鸢尾＋麦冬

② 垂柳－紫荆＋迎春花－萱草＋美人蕉＋美女樱＋吉祥草

③ 榔榆＋红叶李－接骨木＋牡荆－凹叶景天＋八宝景天＋常春藤

④ 江南桤木＋杜梨－黄杨＋醉鱼草－诸葛菜＋虞美人＋麦冬

⑤ 樟＋海滨木槿－栀子＋藤本蔷薇－紫娇花＋黄金菊＋吉祥草

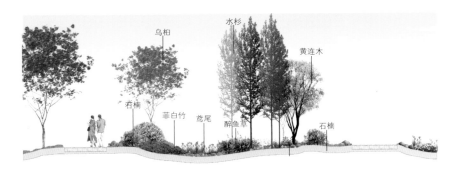

雨水花园

模式四：（乔木 – 灌木 – 地被 – 水生植物）

① 江南桤木 + 枫杨 – 黄杨 + 水蜡树 + 醉鱼草 – 中华常春藤 + 活血丹 – 玉蝉花 + 旱伞草 – 南美天胡荽

② 乌桕 + 三角枫 – 山麻杆 + 接骨木 + 牡荆 – 石菖蒲 + 络石 + 蒲苇 – 溪荪 + 水生鸢尾 + 千屈菜

③ 悬铃木 + 朴树 – 彩叶杞柳 + 醉鱼草 + 紫穗槐 – 红蓼 + 菲白竹 + 金线蒲 – 花叶芦竹 + 黄菖蒲 + 水生美人蕉

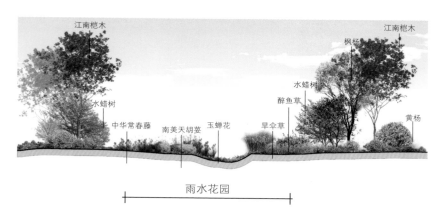

雨水花园

应用实例一：

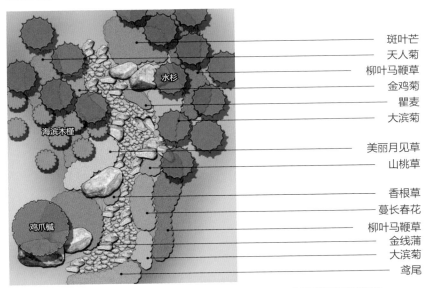

斑叶芒
天人菊
柳叶马鞭草
金鸡菊
瞿麦
大滨菊

美丽月见草
山桃草

香根草
蔓长春花
柳叶马鞭草
金线蒲
大滨菊
鸢尾

水杉

海滨木槿

鸡爪槭

应用实例二：

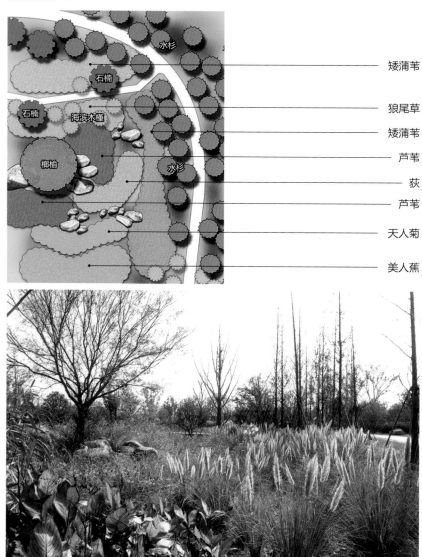

(3) 雨水滞留区、雨水（小微）湿地

推荐品种：

乔木：旱柳、乌桕、柽柳、落羽杉、腺柳、垂柳、榔榆、柘树、墨西哥落羽杉、池杉、中山杉、桑、豆梨、枫杨、楝、黄连木、粗糠树、麻栎、槐、三角枫、樟

灌木：彩叶杞柳、紫穗槐、海滨木槿、雪柳、夹竹桃、迎春花、接骨木、山麻杆、红叶石楠、醉鱼草、栀子

草本植物：红蓼、马蔺、香根草、美人蕉、石菖蒲、鸢尾、金脉大花美人蕉、三白草、鸭儿芹、金线蒲、荻、狼尾草、蒲苇、大花金鸡菊、斑叶芒、诸葛菜、兰花三七、天人菊、庭菖蒲、白车轴草、秋英、松果菊、紫叶山桃草、紫娇花、萱草、活血丹、蔓长春花、大滨菊

水生植物：水生美人蕉、芦苇、芦竹、花叶芦竹、溪荪、黄菖蒲、玉蝉花、水生鸢尾、菰、水葱、旱伞草、再力花、梭鱼草、雨久花、千屈菜、香蒲、慈姑、南美天胡荽、灯芯草、泽泻、睡莲、萍蓬草、荷花、芡实、菱角、眼子菜、苦草、黑藻、狐尾藻、金鱼藻

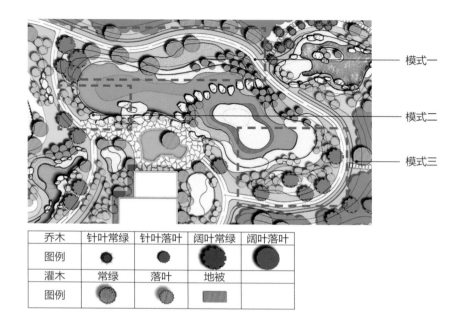

乔木	针叶常绿	针叶落叶	阔叶常绿	阔叶落叶
图例				
灌木	常绿	落叶	地被	
图例				

模式一：（乔木－地被－水生植物）

① 池杉 + 中山杉 + 乌桕 – 鸢尾 + 天人菊 + 香蒲 + 芦苇

② 垂柳 + 旱柳 – 麦冬 + 白车轴草 – 荷花

③ 落羽杉 + 池杉 – 诸葛菜 + 兰花三七 – 梭鱼草 + 水葱 + 慈姑 + 黑藻

④ 枫杨 + 桑 – 蒲苇 + 荷花 + 水生美人蕉 + 苦草

⑤ 乌桕 + 落羽杉 – 花叶芦竹 + 香根草 + 泽泻 + 狐尾藻

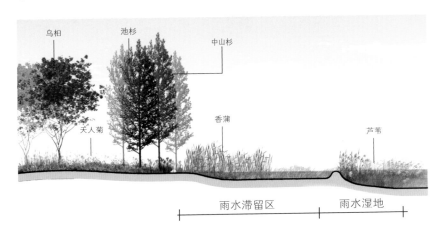

模式二：（灌木 – 地被 – 水生植物）

① 杞柳 + 海滨木槿 – 萱草 + 香蒲 – 水生鸢尾 + 玉蝉花 + 再力花

② 雪柳 + 彩叶杞柳 – 蒲苇 + 狼尾草 – 红蓼 – 黄菖蒲 + 泽泻 + 眼子菜

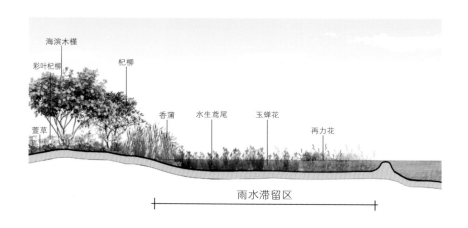

模式三：（乔木 – 灌木 – 地被 – 水生植物）

① 中山杉 + 落羽杉 – 夹竹桃 + 海滨木槿 – 兰花三七 + 大花美人蕉 + 秋英 – 花叶芦竹 + 香蒲 + 灯芯草 + 睡莲

② 垂柳 + 乌桕 + 池杉 – 雪柳 + 彩叶杞柳 + 接骨木 – 天人菊 + 白车轴草 + 红蓼 – 水生鸢尾 + 泽泻 + 梭鱼草 + 芡实 + 金鱼藻

应用实例一：

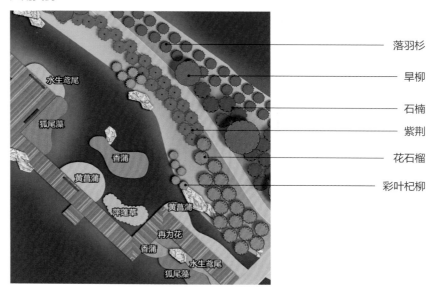

- 落羽杉
- 旱柳
- 石楠
- 紫荆
- 花石榴
- 彩叶杞柳

水生鸢尾
狐尾藻
香蒲
黄菖蒲
萍蓬草
黄菖蒲
再力花
香蒲
水生鸢尾
狐尾藻

应用实例二：

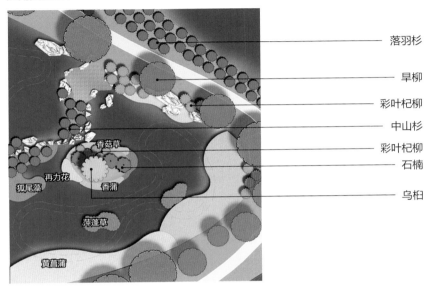

落羽杉

旱柳

彩叶杞柳

中山杉

彩叶杞柳

石楠

乌桕

香菇草

再力花

狐尾藻

香蒲

萍蓬草

黄菖蒲

（4）绿色屋顶

推荐品种：

灌木： 迎春花、细叶水团花、金边六月雪、红花檵木、火棘、栀子、黄杨、伞房决明、洒金桃叶珊瑚、小叶女贞、金叶大花六道木

藤本植物： 中华常春藤、扶芳藤、薜荔、爬行卫矛、藤本蔷薇、木香花、络石、五叶地锦

草本植物： 狗牙根、狼尾草、蓝羊茅、佛甲草、垂盆草、金叶景天、凹叶景天、大花金鸡菊、马尼拉草、斑叶芒、宿根天人菊、麦冬、八宝景天、中华结缕草、假俭草、早熟禾、白车轴草、鼠尾草、黄金菊、紫娇花、萱草、蔓长春花、沿阶草、美女樱、大滨菊

竹类植物： 菲白竹、阔叶箬竹、鹅毛竹、箬竹

模式一：（木本植物 – 地被）

① 迎春花 + 火棘 + 小叶女贞 – 蓝羊茅 + 金叶景天

② 菲白竹 – 金叶景天 + 凹叶景天 + 八宝景天

模式二：（地被）

① 金叶景天 + 凹叶景天 + 八宝景天

② 络石 + 扶芳藤 + 中华常春藤 + 五叶地锦

附录：推荐植物简介

乔木

1. 旱柳

喜光，耐寒，湿地、旱地皆能生长，但以在湿润而排水良好的土壤中生长最好；根系发达，抗风能力强。

适生区域	耐淹性	耐旱性	耐盐碱性	综合评价
Ⅰ、Ⅱ、Ⅲ	★★★	★★★	★★★	优

2. 乌桕

喜光，不耐阴。喜温暖环境，不甚耐寒。适生于深厚肥沃、含水丰富的土壤，对酸性、钙质土、盐碱土均能适应。主根发达，抗风力强，耐水湿。

适生区域	耐淹性	耐旱性	耐盐碱性	综合评价
Ⅰ、Ⅱ、Ⅲ	★★★	★★★	★★★	优

3. 柽柳

喜光，耐高温，不耐阴，耐暴晒，耐干，耐水湿，耐盐碱性强，生长较快。

适生区域	耐淹性	耐旱性	耐盐碱性	综合评价
I、II、III	★★★	★★★	★★★	优

4. 落羽杉

强阳性树种，适应性强，能耐低温、干旱、涝渍和土壤瘠薄，耐水湿，抗污染，抗台风，且病虫害少，生长快。

适生区域	耐淹性	耐旱性	耐盐碱性	综合评价
I、II、III	★★★	★★★	★★	优

5. 腺柳

喜光，不耐阴，较耐寒。喜潮湿肥沃的土壤。萌芽力强，耐修剪。

适生区域	耐淹性	耐旱性	耐盐碱性	综合评价
Ⅰ、Ⅱ、Ⅲ	★★★	★★★	★★	优

6. 垂柳

喜光，喜温暖湿润气候及潮湿深厚之酸性及中性土壤。较耐寒，特耐水湿，根系发达，对有毒气体有一定的抗性，并能吸收二氧化硫。

适生区域	耐淹性	耐旱性	耐盐碱性	综合评价
Ⅰ、Ⅱ、Ⅲ	★★★	★★★	★	优

7. 榔榆

喜光，耐干旱，但以温暖气候，肥沃、排水良好的中性土壤为最适宜的生境。对有毒气体及烟尘抗性较强。

适生区域	耐淹性	耐旱性	耐盐碱性	综合评价
Ⅰ、Ⅱ、Ⅲ	★★★	★★★	★	优

8. 柘树

喜光，不耐阴。喜温暖环境，不甚耐寒。适生于深厚肥沃、含水丰富的土壤。主根发达，抗风力强，耐水湿。

适生区域	耐淹性	耐旱性	耐盐碱性	综合评价
Ⅰ、Ⅱ、Ⅲ	★★★	★★★	★	优

9. 墨西哥落羽杉

喜光，喜温暖湿润气候，耐水湿，耐寒，对盐碱土适应能力强。

适生区域	耐淹性	耐旱性	耐盐碱性	综合评价
Ⅰ、Ⅱ、Ⅲ	★★★	★★	★★★	优

10. 池杉

强阳性树种，不耐阴。喜温暖、湿润环境，稍耐寒，能耐短暂低温。耐涝，也能耐旱。较耐盐碱。

适生区域	耐淹性	耐旱性	耐盐碱性	综合评价
Ⅰ、Ⅱ、Ⅲ	★★★	★★	★★★	优

11. 中山杉

耐盐碱、耐水湿，抗风性强，病虫害少，生长速度快。

适生区域	耐淹性	耐旱性	耐盐碱性	综合评价
Ⅰ、Ⅱ、Ⅲ	★★★	★★	★★★	优

12. 桑

喜光，适应性强，耐湿，也耐干旱瘠薄，耐盐碱。

适生区域	耐淹性	耐旱性	耐盐碱性	综合评价
Ⅰ、Ⅱ、Ⅲ	★★★	★★	★★★	优

13. 杜梨

适生性强，喜光，耐寒，耐旱，耐涝，耐瘠薄，在中性土及盐碱土中均能正常生长。

适生区域	耐淹性	耐旱性	耐盐碱性	综合评价
Ⅰ、Ⅱ	★★★	★★	★★★	优

14. 豆梨

喜光，稍耐阴，不耐寒，耐干旱、瘠薄。对土壤要求不严，在碱性土中也能生长。

适生区域	耐淹性	耐旱性	耐盐碱性	综合评价
Ⅰ、Ⅱ、Ⅲ	★★★	★★	★★	优

15. 枫杨

喜深厚、肥沃、湿润的土壤，喜光，不耐阴。耐湿性强。萌芽力很强，生长很快。对有害气体二氧化硫及氯气的抗性弱。

适生区域	耐淹性	耐旱性	耐盐碱性	综合评价
Ⅰ、Ⅱ、Ⅲ	★★★	★★	★	优

16. 楝

喜温暖、湿润气候，喜光，较耐寒。在酸性、中性和碱性土壤中均能生长。耐干旱、瘠薄，也能生长于水边。

适生区域	耐淹性	耐旱性	耐盐碱性	综合评价
Ⅰ、Ⅱ、Ⅲ	★★	★★★	★★★	优

17. 黄连木

喜光，幼时稍耐阴；喜温暖。耐干旱、瘠薄，对土壤要求不严。对二氧化硫、氯化氢和煤烟的抗性较强。

适生区域	耐淹性	耐旱性	耐盐碱性	综合评价
Ⅰ、Ⅱ、Ⅲ	★★	★★★	★	优

18. 飞蛾槭

喜温暖湿润及半阴环境。生于海拔 1000~1500 米的常绿阔叶林中。

适生区域	耐淹性	耐旱性	耐盐碱性	综合评价
ⅠA、Ⅱ、Ⅲ	★★	★★★	★	优

19. 粗糠树

生于山坡疏林及土质肥沃的山脚阴湿处。

适生区域	耐淹性	耐旱性	耐盐碱性	综合评价
Ⅰ、Ⅱ、Ⅲ	★★	★★★	★	优

20. 重阳木

喜光，稍耐阴。喜温暖气候，耐寒性较弱。对土壤的要求不严，但在湿润、肥沃的土壤中生长最好。耐旱，也耐瘠薄，且能耐水湿，抗风耐寒，根系发达。

适生区域	耐淹性	耐旱性	耐盐碱性	综合评价
Ⅰ、Ⅱ、Ⅲ	★★	★★	★★★	优

21. 白蜡树

喜光，对霜冻较敏感。喜深厚较肥沃湿润的土壤，常见于平原或河谷地带，较耐盐碱性土。

适生区域	耐淹性	耐旱性	耐盐碱性	综合评价
Ⅰ、Ⅱ、Ⅲ	★★	★★	★★★	优

22. 湿地松

极喜光，不耐阴，适生于低山丘陵地带，低洼沼泽地边缘尤佳，但也较耐旱，在干旱贫瘠低山丘陵能旺盛生长，耐水湿。

适生区域	耐淹性	耐旱性	耐盐碱性	综合评价
Ⅰ、Ⅱ、Ⅲ	★★	★★	★★	良

23. 喜树

对土壤酸碱度要求不严，在酸性、中性、碱性土壤中均能生长，在石灰岩风化的钙质土壤和板页岩形成的微酸性土壤中生长良好。

适生区域	耐淹性	耐旱性	耐盐碱性	综合评价
Ⅱ、Ⅲ	★★	★★	★★	良

24. 榉树

喜光，喜温暖气候及肥沃湿润土壤，耐烟尘及有害气体，耐水湿。

适生区域	耐淹性	耐旱性	耐盐碱性	综合评价
Ⅰ、Ⅱ、Ⅲ	★★	★★	★★	良

25. 朴树

喜光，喜温暖湿润气候，适生于肥沃平坦之地。对土壤要求不严，有一定耐干旱能力，亦耐瘠薄土壤，适应力较强。

适生区域	耐淹性	耐旱性	耐盐碱性	综合评价
Ⅰ、Ⅱ、Ⅲ	★★	★★	★	良

26. 江南桤木

喜光，喜温暖气候。对土壤适应性强，喜水湿，多生于河滩低湿地。根系发达有根瘤，固氮能力强。

适生区域	耐淹性	耐旱性	耐盐碱性	综合评价
Ⅰ、Ⅱ、Ⅲ	★★	★★	★	良

27. 麻栎

喜光，深根性，对土壤条件要求不严，耐干旱、瘠薄，亦耐寒。适生于酸性土壤，是荒山瘠地造林的先锋树种。

适生区域	耐淹性	耐旱性	耐盐碱性	综合评价
Ⅰ、Ⅱ、Ⅲ	★★	★★	★	良

28. 娜塔栎

适应性强，耐水湿，抗城市污染能力强，气候适应性强，耐寒、耐旱，喜排水良好的酸性或微碱性砂性土。

适生区域	耐淹性	耐旱性	耐盐碱性	综合评价
Ⅱ、Ⅲ	★★	★★	★	良

29. 柳叶栎

生长较快,材质优良,较耐水湿,树体匀称,叶形窄长似柳,秋季变红,观赏价值高。

适生区域	耐淹性	耐旱性	耐盐碱性	综合评价
Ⅰ、Ⅱ、Ⅲ	★★	★★	★	良

30. 二球悬铃木

喜光,喜湿润温暖气候,较耐寒。生长迅速,易成活,耐修剪,对二氧化硫、氯气等有毒气体有较强的抗性。

适生区域	耐淹性	耐旱性	耐盐碱性	综合评价
Ⅰ、Ⅱ、Ⅲ	★★	★★	★	良

31. 红叶李

喜光，喜温暖湿润的气侯，有一定的抗旱能力，对土壤适应性强，较耐水湿，但在肥沃、深厚、排水良好的黏质中性、酸性土壤中生长良好。

适生区域	耐淹性	耐旱性	耐盐碱性	综合评价
Ⅰ、Ⅱ、Ⅲ	★★	★★	★	良

32. 无患子

喜光，稍耐阴，耐寒能力较强。对土壤要求不严，深根性，抗风力强，耐干旱。萌芽力弱，不耐修剪。对二氧化硫抗性较强。

适生区域	耐淹性	耐旱性	耐盐碱性	综合评价
Ⅰ、Ⅱ、Ⅲ	★★	★★	★	良

33. 水杉

喜光，喜温暖湿润，耐寒性强，喜肥沃而排水良好的土壤，在长期积水及过于干旱处生长不良。在轻盐碱地可以生长，净化空气。

适生区域	耐淹性	耐旱性	耐盐碱性	综合评价
Ⅰ、Ⅱ、Ⅲ	★★	★	★★	良

34. 槐

喜光，耐寒，适生于肥沃、湿润而排水良好的土壤，在石灰性及轻盐碱土上也能正常生长。对二氧化硫、氯气等有毒气体有较强的抗性。

适生区域	耐淹性	耐旱性	耐盐碱性	综合评价
Ⅰ、Ⅱ、Ⅲ	★	★★★	★★★	优

35. 臭椿

喜光，不耐阴。适应性强，在中性、酸性及钙质土中都能生长，适生于深厚、肥沃、湿润的砂质土壤。耐寒，耐旱，长期积水会烂根死亡。

适生区域	耐淹性	耐旱性	耐盐碱性	综合评价
Ⅰ、Ⅱ、Ⅲ	★	★★★	★★★	优

36. 石楠

喜光，喜温暖湿润的气候，稍耐阴，对土壤要求不强，耐短期低温。

适生区域	耐淹性	耐旱性	耐盐碱性	综合评价
Ⅰ、Ⅱ、Ⅲ	★	★★★	★	良

37. 香椿

喜光，耐湿，适宜生长于河边、宅院周围肥沃湿润的土壤中，一般在砂壤土中生长最好。

适生区域	耐淹性	耐旱性	耐盐碱性	综合评价
Ⅰ、Ⅱ	★	★★	★★	良

38. 蚊母树

对土壤要求不严，酸性、中性土壤均能适应，在排水良好而肥沃、湿润的土壤中生长最好。萌芽、发枝力强，耐修剪。

适生区域	耐淹性	耐旱性	耐盐碱性	综合评价
Ⅰ、Ⅱ、Ⅲ	★	★★	★	良

39. 三角枫

　　弱阳性树种，稍耐阴。喜温暖、湿润环境及中性至酸性土壤。耐寒，萌芽力强，耐修剪。树系发达，根蘖性强。

适生区域	耐淹性	耐旱性	耐盐碱性	综合评价
Ⅰ、Ⅱ、Ⅲ	★	★★	★	良

40. 红花槭

　　浅根性，部分根扎根浅。在石灰质土壤里易得萎黄病。能适应多种气候和土壤条件。

适生区域	耐淹性	耐旱性	耐盐碱性	综合评价
Ⅰ、Ⅱ、Ⅲ	★	★★	★	良

41. 樟

喜光，稍耐阴，喜温暖湿润气候，耐寒性不强，适于生长在砂壤土。

适生区域	耐淹性	耐旱性	耐盐碱性	综合评价
II、III	★	★	★	良

42. 厚壳树

亚热带及温带树种，喜光也稍耐阴，喜温暖湿润的气候和深厚肥沃的土壤，耐寒，较耐瘠薄，根系发达，萌蘖性好，耐修剪。

适生区域	耐淹性	耐旱性	耐盐碱性	综合评价
I、II、III	★	★	★	良

灌木

1. 彩叶杞柳

阳性树种,喜光,耐干旱也耐水湿。生长势强,耐盐碱。一般生于山地河边、湿草地。

适生区域	耐淹性	耐旱性	耐盐碱性	综合评价
Ⅰ 、Ⅱ 、Ⅲ	★★★	★★★	★★★	优

2. 紫穗槐

抗逆性极强的灌木,耐寒、耐旱、耐湿、耐盐碱、抗风沙。在荒山坡、道路旁、河岸、盐碱地均可生长。

适生区域	耐淹性	耐旱性	耐盐碱性	综合评价
Ⅰ 、Ⅱ 、Ⅲ	★★★	★★★	★★★	优

3.海滨木槿

对土壤要求不严，极耐盐碱，耐海水淹浸，主干被海潮间歇性淹泡 1 m 左右仍能正常生长和开花结实，能耐极度干旱瘠薄。

适生区域	耐淹性	耐旱性	耐盐碱性	综合评价
Ⅰ、Ⅱ、Ⅲ	★★★	★★★	★★★	优

4.雪柳

喜光，稍耐阴，喜肥沃、排水良好的土壤，喜温暖，亦较耐寒。

适生区域	耐淹性	耐旱性	耐盐碱性	综合评价
Ⅰ、Ⅱ、Ⅲ	★★★	★★★	★★	优

5. 牡荆

喜光，耐阴，耐寒，对土壤适应性强。

适生区域	耐淹性	耐旱性	耐盐碱性	综合评价
Ⅰ、Ⅱ、Ⅲ	★★	★★★	★★	优

6. 夹竹桃

喜温暖湿润的气候，耐寒力不强，喜光好肥，也能适应较阴的环境，但庇荫处栽植花少色淡。

适生区域	耐淹性	耐旱性	耐盐碱性	综合评价
Ⅰ、Ⅱ、Ⅲ	★★	★★★	★	良

7. 栀子

喜温暖湿润气候，好阳光但又不能经受强烈阳光照射，适宜生长在疏松、肥沃、排水良好的轻黏性酸性土壤中，抗有害气体能力强，萌芽力强，耐修剪。

适生区域	耐淹性	耐旱性	耐盐碱性	综合评价
Ⅰ、Ⅱ、Ⅲ	★★	★★★	★	良

8. 迎春花

喜光，稍耐阴，略耐寒。根部萌发力强。枝条着地部分极易生根。

适生区域	耐淹性	耐旱性	耐盐碱性	综合评价
Ⅰ、Ⅱ、Ⅲ	★★	★★	★★	良

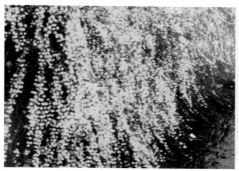

9. 接骨木

适应性较强，对气候要求不严，喜阳，稍耐阴。根系发达，萌蘖性强。抗污染性强。

适生区域	耐淹性	耐旱性	耐盐碱性	综合评价
I、II、III	★★	★★	★★	良

10. 山麻杆

喜光照，稍耐阴，喜温暖湿润的气候环境，对土壤的要求不严，在深厚肥沃的砂质壤土中生长最佳。

适生区域	耐淹性	耐旱性	耐盐碱性	综合评价
I、II、III	★★	★★	★	良

11. 水蜡树

喜光、稍耐阴，较耐寒。对土壤要求不严，但喜肥沃湿润土壤。

适生区域	耐淹性	耐旱性	耐盐碱性	综合评价
Ⅰ、Ⅱ、Ⅲ	★★	★★	★	良

12. 细叶水团花

喜光，好湿润。常生长在溪边、沙滩或山谷沟旁，耐水淹，耐冲击。畏炎热干旱。喜砂质土，酸性、中性土壤都能适应。较耐寒。

适生区域	耐淹性	耐旱性	耐盐碱性	综合评价
Ⅲ	★★	★★	△	良

13. 金边六月雪

畏强光，喜温暖气候，也稍能耐寒。喜排水良好、肥沃、湿润疏松的土壤，对环境要求不高，生长力较强。

适生区域	耐淹性	耐旱性	耐盐碱性	综合评价
Ⅰ、Ⅱ、Ⅲ	★★	★	△	良

14. 红花檵木

喜生于向阳的丘陵及山地，喜阳，但也具有较强的耐阴性。

适生区域	耐淹性	耐旱性	耐盐碱性	综合评价
Ⅱ、Ⅲ	★	★★★	★	良

15. 火棘

　　喜强光，耐贫瘠，抗干旱，不耐寒；对土壤要求不严，而在排水良好、湿润、疏松的中性或微酸性壤土中生长最好。

适生区域	耐淹性	耐旱性	耐盐碱性	综合评价
Ⅲ	★	★★★	★	良

16. 红叶石楠

　　喜光，好湿润。常生长在溪边、沙滩或山谷沟旁。畏炎热干旱。喜砂质土，酸性、中性土壤都能适应。较耐寒。

适生区域	耐淹性	耐旱性	耐盐碱性	综合评价
Ⅰ、Ⅱ、Ⅲ	★	★★★	★	良

17. 醉鱼草

喜温暖湿润气候和深厚肥沃的土壤，适应性强。生海拔 200~2700 m 山地路旁、河边灌木丛中或林缘。

适生区域	耐淹性	耐旱性	耐盐碱性	综合评价
Ⅰ、Ⅱ、Ⅲ	★	★★★	★	良

18. 黄杨

喜光，稍耐阴，喜湿润，忌长时间积水，耐旱性、耐碱性较强，在微酸、微碱土壤中均能生长。

适生区域	耐淹性	耐旱性	耐盐碱性	综合评价
Ⅰ、Ⅱ、Ⅲ	★	★★	★★	良

19. 伞房决明

较耐寒，耐瘠薄，对土壤要求不严，暖冬不落叶，生长快，耐修剪。

适生区域	耐淹性	耐旱性	耐盐碱性	综合评价
Ⅰ、Ⅱ、Ⅲ	★	★★	★	良

20. 枸骨

耐干旱，喜肥沃的酸性土壤。较耐寒，喜阳光，也能耐阴，宜于阴湿的环境中生长。

适生区域	耐淹性	耐旱性	耐盐碱性	综合评价
Ⅱ、Ⅲ	★	★★	★	良

21. 胡颓子

耐阴性一般，喜高温、湿润气候，耐旱性和耐寒性佳，抗风性强。

适生区域	耐淹性	耐旱性	耐盐碱性	综合评价
Ⅰ、Ⅱ、Ⅲ	★	★★	★	良

22. 洒金桃叶珊瑚

喜湿润、排水良好、肥沃的土壤。极耐阴，夏季怕光暴晒。

适生区域	耐淹性	耐旱性	耐盐碱性	综合评价
Ⅰ、Ⅱ、Ⅲ	★	★★	★	良

23. 小叶女贞

喜光照,稍耐荫,较耐寒,对二氧化硫、氯气等毒气有较好的抗性。性强健,耐修剪,萌发力强。

适生区域	耐淹性	耐旱性	耐盐碱性	综合评价
I、II、III	★	★★	★	良

24. 金叶大花六道木

适应性非常强。对土壤要求不严,酸性和中性土都可以生长;对肥力的要求也不高,耐干旱、瘠薄,萌蘖力、萌芽力很强盛,可反复修剪。

适生区域	耐淹性	耐旱性	耐盐碱性	综合评价
I、II、III	★	★★	★	良

25. 郁香忍冬

喜光，也耐阴，在湿润、肥沃的土壤中生长良好。耐寒、耐旱，萌芽性强。

适生区域	耐淹性	耐旱性	耐盐碱性	综合评价
Ⅰ、Ⅱ、Ⅲ	★	★★	★	良

26. 珊瑚树

稍耐阴、喜光植物。喜温暖、阳光。不耐寒。

适生区域	耐淹性	耐旱性	耐盐碱性	综合评价
Ⅱ、Ⅲ	★	★	★	良

藤本

1. 中华常春藤

极耐阴，也能在光照充足之处生长。喜温暖、湿润环境，稍耐寒，能耐短暂的 -5~-7 ℃低温。

适生区域	耐淹性	耐旱性	耐盐碱性	综合评价
Ⅰ、Ⅱ、Ⅲ	★★	★	★★	良

2. 络石

喜弱光，亦耐烈日高温。对土壤的要求不严，一般肥力中等的轻黏土及砂壤土均宜，酸性土及碱性土中均可生长。

适生区域	耐淹性	耐旱性	耐盐碱性	综合评价
Ⅰ、Ⅱ、Ⅲ	★★	★	★★	良

3. 五叶地锦

喜光，能稍耐阴，耐寒，对土壤和气候适应性强。

适生区域	耐淹性	耐旱性	耐盐碱性	综合评价
Ⅰ、Ⅱ、Ⅲ	★★	★	★	良

4. 扶芳藤

喜温暖、湿润环境，喜阳光，亦耐阴，对土壤适应性强，在酸性、碱性及中性土壤中均能正常生长。

适生区域	耐淹性	耐旱性	耐盐碱性	综合评价
Ⅰ、Ⅱ、Ⅲ	★	★★	★★	良

5.薜荔

　　耐贫瘠，抗干旱，对土壤要求不严格，适应性强，幼株耐阴。

适生区域	耐淹性	耐旱性	耐盐碱性	综合评价
Ⅰ、Ⅱ、Ⅲ	★	★★	★★	良

6.爬行卫矛

　　喜温暖，较耐寒，耐阴，不喜阳光直射。

适生区域	耐淹性	耐旱性	耐盐碱性	综合评价
Ⅰ、Ⅱ、Ⅲ	★	★★	★★	良

7. 藤本蔷薇

喜光，喜肥，要求土壤排水良好，具有很强的抗虫害能力。

适生区域	耐淹性	耐旱性	耐盐碱性	综合评价
Ⅰ、Ⅱ、Ⅲ	★	★★	★	良

8. 木香花

喜阳光，耐寒性不强。

适生区域	耐淹性	耐旱性	耐盐碱性	综合评价
Ⅰ、Ⅱ、Ⅲ	★	★★	★	良

草本

1. 红蓼

具有较强的耐淹性和耐旱性，具有一定的净化水体的能力。

适生区域	耐淹性	耐旱性	耐盐碱性	综合评价
Ⅰ、Ⅱ、Ⅲ	★★★	★★★	★	优

2. 马蔺

具有极强的抗性和适应性，具有较强的耐旱性以及耐盐碱性，具有很强的缚土保水能力。

适生区域	耐淹性	耐旱性	耐盐碱性	综合评价
Ⅰ、Ⅱ、Ⅲ	★★★	★★	★★★	优

3. 香根草

具有较强的耐淹性和耐旱性，具有一定的净化水体和改良土壤的能力。

适生区域	耐淹性	耐旱性	耐盐碱性	综合评价
Ⅱ、Ⅲ	★★★	★★	★★	优

4. 美人蕉

喜温暖和充足的阳光，具有一定的耐旱性及截留雨水、净化水体的能力。

适生区域	耐淹性	耐旱性	耐盐碱性	综合评价
Ⅰ、Ⅱ、Ⅲ	★★★	★★	★	优

5. 石菖蒲

喜阴湿环境，不耐阳光暴晒，否则叶片会变黄。稍耐寒。

适生区域	耐淹性	耐旱性	耐盐碱性	综合评价
Ⅰ、Ⅱ、Ⅲ	★★★	★★	★	优

6. 鸢尾

喜阳光充足环境，具有较强的耐寒性和耐旱性，具有一定截留雨水能力和涵养水分的能力。

适生区域	耐淹性	耐旱性	耐盐碱性	综合评价
Ⅰ、Ⅱ、Ⅲ	★★★	★★	★	优

7. 金脉大花美人蕉

具有较强的耐淹性，具有一定的截留雨水、净化水体及涵养水分的能力。

适生区域	耐淹性	耐旱性	耐盐碱性	综合评价
Ⅰ、Ⅱ、Ⅲ	★★★	★	★	优

8. 三白草

喜温湿润气候，耐阴，具有较强的耐淹性和一定的净化水体的能力。

适生区域	耐淹性	耐旱性	耐盐碱性	综合评价
Ⅰ、Ⅱ、Ⅲ	★★★	★	★	优

9. 鸭儿芹

抗病虫害能力较强，耐高温。

适生区域	耐淹性	耐旱性	耐盐碱性	综合评价
Ⅰ、Ⅱ、Ⅲ	★★★	★	★	良

10. 金线蒲

具有较强的耐淹性，具有一定的净化水体的能力，适应性较强。

适生区域	耐淹性	耐旱性	耐盐碱性	综合评价
Ⅰ、Ⅱ、Ⅲ	★★★	★	★	良

11. 狗牙根

喜光，喜温暖、湿润环境，草层茂密，分蘖力强，耐瘠薄。

适生区域	耐淹性	耐旱性	耐盐碱性	综合评价
Ⅰ、Ⅱ、Ⅲ	★★	★★★	★★	优

12. 荻

具有较强的耐旱性和耐盐碱性，耐瘠薄土壤，具有较强的改善土壤的能力和净化水体的能力，具有一定的涵养水分的能力。

适生区域	耐淹性	耐旱性	耐盐碱性	综合评价
Ⅰ、Ⅱ、Ⅲ	★★	★★★	★★	优

13. 狼尾草

喜寒冷湿气候，耐砂土、贫瘠土壤。具有较强的耐旱性和一定的耐盐碱性，具有一定的改善土壤的能力。

适生区域	耐淹性	耐旱性	耐盐碱性	综合评价
Ⅰ、Ⅱ、Ⅲ	★★	★★★	★★	优

14. 蒲苇

强健，耐寒，喜温暖湿润、阳光充足气候。具有一定的耐旱性及净化水体、改善土壤的能力。

适生区域	耐淹性	耐旱性	耐盐碱性	综合评价
Ⅰ、Ⅱ、Ⅲ	★★	★★★	★★	优

15. 蓝羊茅

喜光，耐贫瘠土壤，具有较强的耐寒性、耐旱性。

适生区域	耐淹性	耐旱性	耐盐碱性	综合评价
Ⅰ、Ⅱ、Ⅲ	★★	★★★	★	优

16. 佛甲草

适应性极强，不择土壤，可以生长在较薄的基质上，耐干旱能力极强，耐寒力亦较强。

适生区域	耐淹性	耐旱性	耐盐碱性	综合评价
Ⅰ、Ⅱ、Ⅲ	★★	★★★	★	优

17. 垂盆草

适应性极强，耐干旱能力极强，耐高温、耐寒力亦较强。

适生区域	耐淹性	耐旱性	耐盐碱性	综合评价
Ⅰ、Ⅱ、Ⅲ	★★	★★★	★	优

18. 金叶景天

适应性极强，耐干旱能力极强，耐高温、耐寒力亦较强。

适生区域	耐淹性	耐旱性	耐盐碱性	综合评价
Ⅰ、Ⅱ、Ⅲ	★★	★★★	★	优

19. 凹叶景天

适应性极强，耐干旱能力极强，耐高温、耐寒力亦较强。

适生区域	耐淹性	耐旱性	耐盐碱性	综合评价
Ⅰ、Ⅱ、Ⅲ	★★	★★★	★	优

20. 大花金鸡菊

喜肥沃的土壤，具有较强的耐旱性，具有一定的涵养水分的能力。

适生区域	耐淹性	耐旱性	耐盐碱性	综合评价
Ⅰ、Ⅱ、Ⅲ	★★	★★★	★	优

21. 吉祥草

喜温暖、湿润、半阴的环境，具有一定的耐淹性及一定的截留雨水、改善土壤的能力。

适生区域	耐淹性	耐旱性	耐盐碱性	综合评价
Ⅰ、Ⅱ、Ⅲ	★★	★★	★★	良

22. 马尼拉草

喜温暖、湿润环境，草层茂密，分蘖力强，覆盖度大，抗干旱、耐瘠薄，适宜在深厚、肥沃、排水良好的土壤中生长。

适生区域	耐淹性	耐旱性	耐盐碱性	综合评价
Ⅱ、Ⅲ	★★	★★	★★	良

23. 斑叶芒

喜光，耐半阴，抗性强。具有一定的耐淹性和耐旱性，以及一定的改善土壤、涵养水分的能力。

适生区域	耐淹性	耐旱性	耐盐碱性	综合评价
Ⅰ、Ⅱ、Ⅲ	★★	★★	★★	良

24. 诸葛菜

喜光，耐寒性强，具有一定的耐阴性和耐盐碱性。

适生区域	耐淹性	耐旱性	耐盐碱性	综合评价
Ⅰ、Ⅱ、Ⅲ	★★	★★	★★	良

25. 兰花三七

具有一定的耐旱性和较强的耐阴性，具有一定截留雨水的能力。

适生区域	耐淹性	耐旱性	耐盐碱性	综合评价
Ⅰ、Ⅱ、Ⅲ	★★	★★	★	良

26. 柳叶马鞭草

具有一定的耐旱性以及改良土壤、涵养水分的能力。

适生区域	耐淹性	耐旱性	耐盐碱性	综合评价
Ⅰ、Ⅱ、Ⅲ	★★	★★	★	良

27. 紫花地丁

喜光，喜湿润的环境，耐阴也耐寒，不择土壤，适应性极强。

适生区域	耐淹性	耐旱性	耐盐碱性	综合评价
Ⅰ、Ⅱ、Ⅲ	★★	★★	★	良

28. 虞美人

耐寒，怕暑热，喜阳光充足的环境，喜排水良好、肥沃的砂壤土。

适生区域	耐淹性	耐旱性	耐盐碱性	综合评价
Ⅰ、Ⅱ、Ⅲ	★★	★★	★	良

29. 花菱草

耐寒，怕暑热，喜阳光充足的环境，喜排水良好、肥沃的砂壤土。

适生区域	耐淹性	耐旱性	耐盐碱性	综合评价
Ⅰ、Ⅱ、Ⅲ	★★	★★	★	良

30. 天人菊

耐干旱炎热，不耐寒，喜阳光，也耐半阴，宜排水良好的疏松土壤。耐风、抗潮，生性强韧。

适生区域	耐淹性	耐旱性	耐盐碱性	综合评价
Ⅰ、Ⅱ、Ⅲ	★★	★★	★	良

31. 庭菖蒲

具有一定的耐淹性和耐旱性，以及一定的截留雨水、改善土壤的能力。

适生区域	耐淹性	耐旱性	耐盐碱性	综合评价
ⅠA、Ⅱ、Ⅲ	★★	★★	△	良

32. 麦冬

喜温暖湿润，耐阴性较强，具有一定的涵养水分的能力。

适生区域	耐淹性	耐旱性	耐盐碱性	综合评价
Ⅰ、Ⅱ、Ⅲ	★	★	★★	良

33. 丝兰

喜阳光充足环境，又极耐寒冷，具有较强的耐旱性和耐盐碱性。

适生区域	耐淹性	耐旱性	耐盐碱性	综合评价
Ⅰ、Ⅱ、Ⅲ	★	★★★	★★★	优

34. 八宝景天

喜强光和干燥、通风良好的环境，能耐 −20 ℃的低温；喜排水良好的土壤，耐贫瘠和干旱，忌雨涝积水。

适生区域	耐淹性	耐旱性	耐盐碱性	综合评价
Ⅰ、Ⅱ、Ⅲ	★	★★★	★	良

35. 红花酢浆草

喜阳、温暖、湿润的环境，夏季炎热地区宜遮半阴，抗旱能力较强，不耐寒。

适生区域	耐淹性	耐旱性	耐盐碱性	综合评价
Ⅰ、Ⅱ、Ⅲ	★	★★★	★	良

36. 中华结缕草

阳性喜温植物，具有耐旱、耐盐碱的特性。

适生区域	耐淹性	耐旱性	耐盐碱性	综合评价
Ⅰ、Ⅱ、Ⅲ	★	★★	★★	良

37. 假俭草

喜光，耐阴，耐干旱，较耐践踏。

适生区域	耐淹性	耐旱性	耐盐碱性	综合评价
Ⅰ、Ⅱ、Ⅲ	★	★★	★★	良

38. 早熟禾

喜光，耐阴性也强，可耐 50%~70% 郁闭度，耐旱性较强。

适生区域	耐淹性	耐旱性	耐盐碱性	综合评价
Ⅰ、Ⅱ、Ⅲ	★	★★	★★	良

39. 白车轴草

喜光，具有一定的耐旱性，不耐阴，具有较强的改良土壤和净化水体的能力。

适生区域	耐淹性	耐旱性	耐盐碱性	综合评价
Ⅰ、Ⅱ、Ⅲ	★	★★	★	良

40. 美丽月见草

适应性强，具有较强的耐旱性，稍具改良土壤的能力。

适生区域	耐淹性	耐旱性	耐盐碱性	综合评价
Ⅰ、Ⅱ、Ⅲ	★	★★	★	良

41. 石竹

耐寒，喜阳光充足环境，具有一定的耐旱性。

适生区域	耐淹性	耐旱性	耐盐碱性	综合评价
Ⅰ、Ⅱ、Ⅲ	★	★★	★	良

42. 鼠尾草

喜温暖、湿润和阳光充足环境，耐寒性强，有一定的耐旱性。

适生区域	耐淹性	耐旱性	耐盐碱性	综合评价
Ⅰ、Ⅱ、Ⅲ	★	★★	★	良

43. 黄金菊

半常绿的草本，抗逆性较强。

适生区域	耐淹性	耐旱性	耐盐碱性	综合评价
Ⅰ、Ⅱ、Ⅲ	★	★★	★	良

44. 秋英

喜光，耐贫瘠土壤，具有一定的耐旱性和截留雨水的能力。

适生区域	耐淹性	耐旱性	耐盐碱性	综合评价
Ⅰ、Ⅱ、Ⅲ	★	★★	★	良

45. 松果菊

稍耐寒，喜生于温暖向阳处，具有一定的耐旱性。

适生区域	耐淹性	耐旱性	耐盐碱性	综合评价
Ⅰ、Ⅱ、Ⅲ	★	★★	★	良

46. 紫叶山桃草

耐寒，喜凉爽及半湿润气候，要求阳光充足，具有一定的耐旱性。

适生区域	耐淹性	耐旱性	耐盐碱性	综合评价
Ⅰ、Ⅱ、Ⅲ	★	★★	★	良

47. 紫娇花

喜光，栽培处全日照、半日照均理想，但不宜庇荫。喜高温，耐热，耐贫瘠。

适生区域	耐淹性	耐旱性	耐盐碱性	综合评价
Ⅰ、Ⅱ、Ⅲ	★	★★	★	良

48. 萱草

性强健，耐寒，适应性强，喜湿润也耐旱，喜阳光又耐半阴，适生于富含腐殖质、排水良好的湿润土壤。

适生区域	耐淹性	耐旱性	耐盐碱性	综合评价
Ⅰ、Ⅱ、Ⅲ	★	★★	★	良

49. 活血丹

喜光，生命力顽强，具有较强的耐旱性以及一定的改良土壤的能力。

适生区域	耐淹性	耐旱性	耐盐碱性	综合评价
ⅠA、Ⅱ、Ⅲ	★	★★	△	良

50. 玉簪

耐阴，具有一定的耐旱性，具有较强的截留雨水的能力。

适生区域	耐淹性	耐旱性	耐盐碱性	综合评价
Ⅱ、Ⅲ	★	★★	△	良

51. 蔓长春花

喜温暖湿润，喜阳光也较耐阴，稍耐寒，具有一定的耐盐碱性。

适生区域	耐淹性	耐旱性	耐盐碱性	综合评价
Ⅰ、Ⅱ、Ⅲ	★	★	★★	良

52. 沿阶草

具有较强的耐阴性、耐寒性、耐热性。

适生区域	耐淹性	耐旱性	耐盐碱性	综合评价
Ⅰ、Ⅱ、Ⅲ	★	★	★★	良

53. 火炬花

喜温暖、湿润、阳光充足环境，也耐半阴。

适生区域	耐淹性	耐旱性	耐盐碱性	综合评价
I、II、III	★	★	★★	良

54. 美女樱

喜阳光，较耐寒，观赏价值很高。

适生区域	耐淹性	耐旱性	耐盐碱性	综合评价
I、II、III	★	★	★	良

55. 大滨菊

喜光，不择土壤，生长势较强。

适生区域	耐淹性	耐旱性	耐盐碱性	综合评价
Ⅰ、Ⅱ、Ⅲ	★	★	★	良

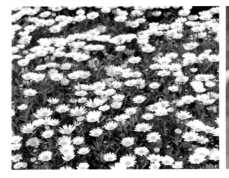

竹类植物

1. 淡竹

耐寒、耐旱性较强。常见于平原地、低山坡地及河滩上。

适生区域	耐淹性	耐旱性	耐盐碱性	综合评价
Ⅰ、Ⅱ、Ⅲ	★	★★	★	良

2. 紫竹

阳性，喜温暖湿润气候，耐寒，能耐 −20 ℃低温。耐阴，忌积水，适合砂质排水性良好的土壤，对气候适应性强。

适生区域	耐淹性	耐旱性	耐盐碱性	综合评价
Ⅰ、Ⅱ、Ⅲ	★	★★	★	良

3. 斑竹

阳性，喜温暖湿润气候，稍耐寒，能耐 −18 ℃低温。喜山麓及平地之深厚肥沃土壤，不耐黏重土壤。耐盐碱。

适生区域	耐淹性	耐旱性	耐盐碱性	综合评价
Ⅰ、Ⅱ、Ⅲ	★	★★	★	良

4. 菲白竹

喜温暖湿润气候，耐阴，浅根性。是美丽的观叶植物，栽作地被、绿篱或与假山石相配都很合适。

适生区域	耐淹性	耐旱性	耐盐碱性	综合评价
Ⅰ、Ⅱ、Ⅲ	★	★★	★	良

5. 红哺鸡竹

宜栽植在背风向阳处，喜空气湿润较大的环境。

适生区域	耐淹性	耐旱性	耐盐碱性	综合评价
Ⅰ、Ⅱ、Ⅲ	★	★★	★	良

6. 阔叶箬竹

较耐寒，喜湿耐旱，对土壤要求不严，在轻度盐碱土中也能正常生长，喜光，耐半阴。

适生区域	耐淹性	耐旱性	耐盐碱性	综合评价
Ⅱ、Ⅲ	★	★	★	良

7. 短穗竹

生长于低海拔的平原和向阳山坡路边。性喜温暖气候。在多腐殖质的土壤中生长良好。

适生区域	耐淹性	耐旱性	耐盐碱性	综合评价
Ⅱ、Ⅲ	★	★	★	良

8. 鹅毛竹

生于山坡或林缘，亦可生于林下。喜温暖湿润的气候。

适生区域	耐淹性	耐旱性	耐盐碱性	综合评价
Ⅱ、Ⅲ	★	★	★	良

9. 箬竹

性喜温暖湿润气候，耐寒性较差，宜生长于深厚肥沃、疏松透气、排水良好的微酸至中性土壤。

适生区域	耐淹性	耐旱性	耐盐碱性	综合评价
Ⅰ、Ⅱ、Ⅲ	★	★	★	良

10. 孝顺竹

喜光，稍耐阴。喜温暖、湿润环境，不甚耐寒。上海能露地栽培，但冬天叶枯黄。喜深厚肥沃、排水良好的土壤。

适生区域	耐淹性	耐旱性	耐盐碱性	综合评价
Ⅱ、Ⅲ	★	★	★	良

水生植物

1. 水生美人蕉

喜光，耐水湿，抗性强，不易感染病虫害。

适生区域	生活型	耐旱性	综合评价
Ⅰ、Ⅱ、Ⅲ	挺水	★★	优

2. 芦苇

具有较强的耐淹性和一定的耐旱性，具有较强的净化水体和一定的改良土壤的能力。

适生区域	生活型	耐旱性	综合评价
Ⅰ、Ⅱ、Ⅲ	挺水	★★	优

3. 芦竹

喜温暖，喜水湿，具有较强的净化水体和一定的改良土壤的能力。

适生区域	生活型	耐旱性	综合评价
Ⅰ、Ⅱ、Ⅲ	挺水	★★	优

4. 花叶芦竹

喜光，喜温，耐水湿，具有较强的净化水体和一定的改良土壤的能力。

适生区域	生活型	耐旱性	综合评价
Ⅰ、Ⅱ、Ⅲ	挺水	★★	优

5. 溪荪

喜湿润且排水良好，富含腐殖质的砂壤土或轻黏土。喜光，也较耐阴，在半阴环境下也可正常生长，耐寒性强。

适生区域	生活型	耐旱性	综合评价
Ⅰ、Ⅱ、Ⅲ	挺水	★	良

6. 黄菖蒲

喜湿润，喜光，较耐阴，耐寒性强，具有较强的净化水体的能力。

适生区域	生活型	耐旱性	综合评价
Ⅰ、Ⅱ、Ⅲ	挺水	★	良

7. 玉蝉花

耐寒，喜水湿，春季萌发较早，花期通常在早春至初夏，冬季进入休眠状态，地上茎叶枯死。

适生区域	生活型	耐旱性	综合评价
Ⅰ、Ⅱ、Ⅲ	挺水	★	良

8. 水生鸢尾

喜光照充足的环境，特别适应冷凉性气候，夏季高温期间停止生长，叶片略显黄绿色，抗高温能力较弱。

适生区域	生活型	耐旱性	综合评价
Ⅰ、Ⅱ、Ⅲ	挺水	★	良

9. 菰

有很强的适应性，在陆地上各种水面的浅水区均能生长，喜光，适生于肥沃土壤。

适生区域	生活型	耐旱性	综合评价
Ⅱ、Ⅲ	挺水	★	良

10. 水葱

喜光，喜温暖湿润气候，具有较强的净化水体的能力。

适生区域	生活型	耐旱性	综合评价
Ⅰ、Ⅱ、Ⅲ	挺水	★	良

11. 旱伞草

喜光，喜温暖湿润环境，耐半阴，耐寒性强，具有较强的净化水体的能力。

适生区域	生活型	耐旱性	综合评价
Ⅰ、Ⅱ、Ⅲ	挺水	★	良

12. 再力花

喜温暖水湿、阳光充足环境，具有较强的净化水体的能力。

适生区域	生活型	耐旱性	综合评价
Ⅰ、Ⅱ、Ⅲ	挺水	★	良

13. 千屈菜

喜光，喜水湿，具有较强的净化水体的能力。

适生区域	生活型	耐旱性	综合评价
Ⅰ、Ⅱ、Ⅲ	挺水	★	良

14. 香蒲

喜高温多湿环境，较耐阴，耐淹性强，具有较强的净化水体和一定的改良土壤的能力。

适生区域	生活型	耐旱性	综合评价
Ⅰ、Ⅱ、Ⅲ	挺水	★	良

15. 慈姑

喜光，喜温暖湿润环境，耐半阴。

适生区域	生活型	耐旱性	综合评价
Ⅰ、Ⅱ、Ⅲ	挺水	★	良

16. 梭鱼草

喜温，喜阳，喜肥，喜湿，具有较强的净化水体的能力。

适生区域	生活型	耐旱性	综合评价
Ⅰ、Ⅱ、Ⅲ	挺水	★	良

17. 雨久花

喜光照充足环境，稍耐阴，喜温暖，不耐寒。

适生区域	生活型	耐旱性	综合评价
Ⅰ、Ⅱ、Ⅲ	挺水	★	良

18. 南美天胡荽

适应性强，喜光照充足环境，如环境荫蔽则植株生长不良。喜温暖，怕寒冷。

适生区域	生活型	耐旱性	综合评价
Ⅰ、Ⅱ、Ⅲ	挺水	★	良

19. 灯芯草

喜温暖湿润环境，喜沃土，具有较强的净化水体的能力。

适生区域	生活型	耐旱性	综合评价
Ⅰ、Ⅱ、Ⅲ	挺水	△	良

20. 荷花

喜浅水，趋光性较强，具有较强的净化水体的能力。

适生区域	生活型	耐旱性	综合评价
Ⅱ、Ⅲ	挺水	△	良

21. 泽泻

喜温暖湿润环境，喜光，具有较强的净化水体的能力。

适生区域	生活型	耐旱性	综合评价
Ⅲ	挺水	△	良

22. 睡莲

喜强光，具有较强的净化水体的能力。

适生区域	生活型	耐旱性	综合评价
Ⅰ、Ⅱ、Ⅲ	浮叶	△	良

23. 芡实

喜温暖水湿环境，具有较强的净化水体的能力。

适生区域	生活型	耐旱性	综合评价
II、III	浮叶	△	良

24. 萍蓬草

喜温暖、湿润、阳光充足的环境。

适生区域	生活型	耐旱性	综合评价
III	浮叶	△	良

25. 菱角

喜光，具有很强的耐淹性，具有一定的净化水体的能力。

适生区域	生活型	耐旱性	综合评价
Ⅱ、Ⅲ	漂浮	△	良

26. 眼子菜

具有很强的耐淹性，具有一定的净化水体的能力。

适生区域	生活型	耐旱性	综合评价
Ⅰ、Ⅱ、Ⅲ	沉水	△	良

27. 苦草

具有很强的耐淹性，具有一定的净化水体的能力。

适生区域	生活型	耐旱性	综合评价
Ⅰ、Ⅱ、Ⅲ	沉水	△	良

 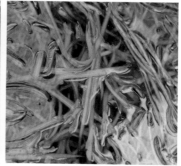

28. 黑藻

喜阳光充足的环境。环境荫蔽则植株生长受阻，新叶叶色变淡，老叶逐渐死亡。

适生区域	生活型	耐旱性	综合评价
Ⅰ、Ⅱ、Ⅲ	沉水	△	良

29. 狐尾藻

喜温和湿润环境，抗寒性强，具有较强的净化水体的能力。

适生区域	生活型	耐旱性	综合评价
Ⅰ、Ⅱ、Ⅲ	沉水	△	良

30. 金鱼藻

喜温和湿润环境，抗寒性强，具有较强的净化水体的能力。

适生区域	生活型	耐旱性	综合评价
Ⅰ、Ⅱ、Ⅲ	沉水	△	良

参考文献

［1］单树模.江苏地理［M］.南京：江苏人民出版社，1980.

［2］余之祥.江苏省资源环境与发展地图集［M］.北京：科学出版社，2009.

［3］中国科学院南京地理与湖泊研究所.江苏省资源环境与发展地图集［M］.北京：科学出版社，2009.

［4］江苏省建设厅，江苏省中国科学院植物研究所.江苏省城市园林绿化适生植物［M］.上海：上海科学技术出版社，2005.

［5］芦建国，杨艳容.园林花卉［M］.北京：中国林业出版社，2006.

［6］陈有民.园林树木学［M］.修订版.北京：中国林业出版社，2010.

［7］中华人民共和国住房和城乡建设部.海绵城市建设技术指南——低影响开发雨水系统构建（试行）［Z］.2014.

［8］中国建筑标准设计研究院.15MR105城市道路与开发空间低影响开发雨水设施［M］.北京：中国计划出版社，2015.